走进大学
DISCOVER UNIVERSITY

什么是药品？

DRUGS:
A VERY SHORT INTRODUCTION

[英] 莱斯·艾弗森 著
程昉 张立军 译

大连理工大学出版社
DALIAN UNIVERSITY OF TECHNOLOGY PRESS

DRUGS: A VERY SHORT INTRODUCTION, SECOND EDITION was originally published in English in 2016. This translation is published by arrangement with Oxford University Press. Dalian University of Technology Press is solely responsible for this translation from the original work and Oxford University Press shall have no liability for any errors, omissions or inaccuracies or ambiguities in such translation or for any losses caused by reliance thereon.
Copyright © Les Iversen 2001, 2016
简体中文版 © 2024 大连理工大学出版社
著作权合同登记 06-2022 年第 198 号
版权所有·侵权必究

图书在版编目（CIP）数据

什么是药品？/（英）莱斯·艾弗森著；程昉，张立军译. -- 大连：大连理工大学出版社，2024.9
书名原文：Drugs: A Very Short Introduction
ISBN 978-7-5685-4805-2

Ⅰ.①什… Ⅱ.①莱…②程…③张… Ⅲ.①药物—研制 Ⅳ.① TQ46

中国国家版本馆 CIP 数据核字 (2024) 第 010606 号

什么是药品？SHENME SHI YAOPIN?

出 版 人：苏克治
策划编辑：苏克治
责任编辑：张　泓
责任校对：周　欢
封面设计：奇景创意

出版发行：大连理工大学出版社
　　　　　（地址：大连市软件园路80号，邮编：116023）
电　　话：0411-84708842（发行）
　　　　　0411-84708943（邮购）　0411-84701466（传真）
邮　　箱：dutp@dutp.cn
网　　址：https://www.dutp.cn

印　　刷：辽宁新华印务有限公司
幅面尺寸：139mm×210mm
印　　张：5.375
字　　数：103千字
版　　次：2024年9月第1版
印　　次：2024年9月第1次印刷
书　　号：ISBN 978-7-5685-4805-2
定　　价：39.80元

本书如有印装质量问题，请与我社发行部联系更换。

出版者序

高考，一年一季，如期而至，举国关注，牵动万家！这里面有莘莘学子的努力拼搏，万千父母的望子成龙，授业恩师的佳音静候。怎么报考，如何选择大学和专业，是非常重要的事。如愿，学爱结合；或者，带着疑惑，步入大学继续寻找答案。

大学由不同的学科聚合组成，并根据各个学科研究方向的差异，汇聚不同专业的学界英才，具有教书育人、科学研究、服务社会、文化传承等职能。当然，这项探索科学、挑战未知、启迪智慧的事业也期盼无数青年人的加入，吸引着社会各界的关注。

在我国，高中毕业生大都通过高考、双向选择，进入大学的不同专业学习，在校园里开阔眼界，增长知识，提升能力，升华境界。而如何更好地了解大学，认识专业，明晰人生选择，是一个很现实的问题。

什么是药品？

为此，我们在社会各界的大力支持下，延请一批由院士领衔、在知名大学工作多年的老师，与我们共同策划、组织编写了"走进大学"丛书。这些老师以科学的角度、专业的眼光、深入浅出的语言，系统化、全景式地阐释和解读了不同学科的学术内涵、专业特点，以及将来的发展方向和社会需求。

为了使"走进大学"丛书更具全球视野，我们引进了牛津大学出版社的 Very Short Introductions 系列的部分图书。本次引进的《什么是有机化学？》《什么是晶体学？》《什么是三角学？》《什么是对称学？》《什么是麻醉学？》《什么是兽医学？》《什么是药品？》《什么是哺乳动物？》《什么是生物多样性保护？》涵盖九个学科领域，是对"走进大学"丛书的有益补充。我们邀请相关领域的专家、学者担任译者，并邀请了国内相关领域一流专家、学者为图书撰写了序言。

牛津大学出版社的 Very Short Introductions 系列由该领域的知名专家撰写，致力于对特定的学科领域进行精练扼要的介绍，至今出版700余种，在全球范围内已经被译为50余种语言，获得读者的诸多好评，被誉为真正的"大家小书"。Very Short Introductions 系列兼具可读性和权威性，希望能够以此

出版者序

帮助准备进入大学的同学，帮助他们开阔全球视野，让他们满怀信心地再次起航，踏上新的、更高一级的求学之路。同时也为一向关心大学学科建设、关心高教事业发展的读者朋友搭建一个全面涉猎、深入了解的平台。

综上所述，我们把"走进大学"丛书推荐给大家。

一是即将走进大学，但在专业选择上尚存困惑的高中生朋友。如何选择大学和专业从来都是热门话题，市场上、网络上的各种论述和信息，有些碎片化，有些鸡汤式，难免流于片面，甚至带有功利色彩，真正专业的介绍尚不多见。本丛书的作者来自高校一线，他们给出的专业画像具有权威性，可以更好地为大家服务。

二是已经进入大学学习，但对专业尚未形成系统认知的同学。大学的学习是从基础课开始，逐步转入专业基础课和专业课的。在此过程中，同学对所学专业将逐步加深认识，也可能会伴有一些疑惑甚至苦恼。目前很多大学开设了相关专业的导论课，一般需要一个学期完成，再加上面临的学业规划，例如考研、转专业、辅修某个专业等，都需要对相关专业既有宏观了解又有微观检视。本丛书便于系统地识读专业，有助于针对性更强地规划学习目标。

什么是药品？

三是关心大学学科建设、专业发展的读者。他们也许是大学生朋友的亲朋好友，也许是由于某种原因错过心仪大学或者喜爱专业的中老年人。本丛书文风简朴，语言通俗，必将是大家系统了解大学各专业的一个好的选择。

坚持正确的出版导向，多出好的作品，尊重、引导和帮助读者是出版者义不容辞的责任。大连理工大学出版社在做好相关出版服务的基础上，努力拉近高校学者与读者间的距离，尤其在服务一流大学建设的征程中，我们深刻地认识到，大学出版社一定要组织优秀的作者队伍，用心打造培根铸魂、启智增慧的精品出版物，倾尽心力，服务青年学子，服务社会。

"走进大学"丛书是一次大胆的尝试，也是一个有意义的起点。我们将不断努力，砥砺前行，为美好的明天真挚地付出。希望得到读者朋友的理解和支持。

谢谢大家！

苏克治

2024年8月6日

译者序

药品，作为人类健康与生命的守护者，其特殊性不言而喻。它们不仅承载着预防、治疗疾病的重任，更在调节人体生理机能、保障公众健康方面发挥着不可替代的作用。为了确保药品的质量安全，保障公众用药的合法权益，我国制定了《中华人民共和国药品管理法》。这一法律的出台，不仅体现了国家对药品管理的重视，也彰显了我们对药品这一特殊商品的敬畏之心。

本书由国际知名神经科学家和药理学家莱斯·艾弗森（Les Iversen，1937—2020）撰写，为我们讲述了药品从发现到应用，再到监管的完整历程。全书深入浅出地解析了药品在人体内的作用机制，以及药品行业的运作现状。值得一提的是，书中还特别关注了合法药物与非法药物的问题。作者从专业角度评估了两者之间的区别与联系，并探讨了某些药物滥用和致瘾的成因。这一部分的内容不仅为我们揭示了药

什么是药品？

物的双刃剑特性，也提醒我们要科学、理性地对待药物和衍生物的使用。

　　总之，本书以其丰富的专业和历史知识、清晰的逻辑和浅显易懂的语言，为我们呈现了一个精彩的药品世界。我们期待在未来的日子里，药品能够继续为人类健康事业做出更大的贡献。同时，我们也向本书作者莱斯·艾弗森表达崇高的敬意，感谢他为药品行业做出的杰出贡献！

　　感谢大连理工大学科学技术研究院赵美森副院长的牵线搭桥，感谢全体参与本书出版的大连理工大学、大连理工大学出版社、大连市第三人民医院的工作人员！他们为本书的交付和出版付出了心血和努力。

　　若读者在阅读过程中产生任何疑问或希望提出宝贵建议，敬请通过电子邮箱：ffcheng@dlut.edu.cn，与译者取得联系。

程昉　张立军

2024年6月

目 录

第一章　历　史　　　　　　　　　　　　001

第二章　药品作用机制　　　　　　　　　019

第三章　医用药品　　　　　　　　　　　041

第四章　娱乐性药品　　　　　　　　　　097

第五章　制造新药　　　　　　　　　　　123

第六章　未来我们可以期待什么？　　　　139

名词表　　　　　　　　　　　　　　　　147

"走进大学"丛书书目　　　　　　　　　155

第一章
历 史

01

什么是药品？

"药品"是指为了获得某种理想效果而审慎服用的化学物质。一些药品服用后可治疗疾病，而另一些药品服用后能产生一定的精神作用。上述两种用法都起源于远古时期。最早期的人类主要以狩猎和采集为生，他们必须知晓周边环境中的几千种植物哪些可以食用，哪些有毒。通过反复试错，先民们逐渐积累知识，记录下哪些植物或天然材料有助于缓解疼痛或改善疾病症状。不仅人类会利用药用植物，针对黑猩猩的行为研究表明，生病的动物有时也会食用一些平时不太食用的植物，以获得抗寄生虫效果。

起初，人们并不认为死亡是一种自然现象。严重的疾病被认为源于超自然现象：敌人的杰作、恶魔的显灵，抑或被冒犯的神灵盗走灵魂。治疗的目的是运用反咒、施咒、魔药或其他手段，诱使迷失的灵魂回归体内适当的栖息之所。另

第一章 历 史

一方面,像感冒或便秘这样的微恙被认为是生活的一部分,可通过某些草药来治疗。在文字出现之前,植物类药品的知识是依靠一代代人口口相传的,最终出现了"药师""萨满""巫医"等专门职业。他们经常将医学知识与魔法和宗教仪式结合起来,逐渐成为部族中具有影响力的人物。那时,人们几乎普遍相信鬼魂会以善或恶的方式干扰人们的生活,从而导致疾病。因此,药品知识与迷信作用结合在一起也就不足为奇了。

草药药典

关于草药最早的文字记载来自中国古代。公元2世纪(汉代)出版的《神农本草经》是已知最早的草药药典。它罗列了365种草药,是中医发展的重要基石。另外,16世纪(明代)李时珍所著的《本草纲目》也具有十分重要的地位。《本草纲目》共计52卷,列出了1 892种植物、动物和矿物来源的药品。李时珍作为最早进行药品科学研究的学者之一,研究了许多传统疗法的作用。他摒弃了许多无用的信息,删除了一部分有毒的制剂。药理学是研究药品的科学,因而李时珍可被称为世界首名药理学家。他还编著了其他药典,给出了鉴

什么是药品？

别配制药剂的指导。草药在现代中医领域仍然发挥着重要作用，其中的许多活性物质已被引入西药。中医的药方通常十分复杂，与现代西医惯于使用单一的纯化学药剂截然不同。

在印度，古老的阿育吠陀医学体系起源于3 000年前，如今在亚洲仍被广泛使用。这个体系主要依赖于天然药品，通常是复杂的混合物。阿育吠陀常见的治疗方法包括使用药品诱发呕吐、使用泻药和灌肠剂清洗消化道及放血。公元前2000—前1500年的古埃及也存有一定数量的医学文献，描述了许多草药和天然药品的使用。例如，用于消化的番泻叶、蜂蜜、百里香、刺柏、乳香、孜然和药西瓜，用于驱虫的石榴根和莨菪，还有亚麻、栎瘿、松焦油、吗哪、杨梅、莨菪、芦荟、藏茴香、雪松、香菜、柏木、接骨木浆果、茴香、大蒜、野莴苣、旱金莲、洋葱、纸莎草、罂粟、西红花、梧桐树和西瓜。

系统化的草药药典也在其他文化中独立出现。现代医学之父希波克拉底（Hippocrates）创立了最早的"理性"或"科学"医学流派之一，并使用了数百种天然药品。在希腊，迪奥斯科里德斯（Dioscorides）在公元55年出版了具

第一章 历 史

有影响力的《药品论》。在接下来的1 600年间，这本书在希腊被认为是绝对的权威。在公元60年的古罗马，普林尼（Pliny）出版了《自然史》一书，是当时最全的草药和其他自然疗法知识汇编。在中世纪的阿拉伯世界和欧洲，草药也很盛行。其中，最著名的是英国人尼古拉斯·卡尔佩珀（Nicholas Culpeper）撰写的《草药药典》。他融合了草药和占星术，倡导将紫草用于多种医疗用途。

关于紫草的论述

取新鲜紫草根捶打成小块，铺在皮革上，放于痛风处，能立刻缓解痛风的疼痛。运用同样的方法，也可以减轻关节疼痛并有利于奔跑，对溃疡、坏疽、瘀伤及诸如此类的疼痛很有好处，人们经常发现它对治疗这些疾病很有帮助。

——尼古拉斯·卡尔佩珀

草药的时代持续了几个世纪，并出现了几种非常有效的药品，但也有很多药效只存在于传说之中。根据"以形补形"的理论，某些草药治疗疾病的能力往往与其性质或特征

什么是药品？

相关。例如，因外形类似于肺内组织，肺草被用于治疗各种呼吸道疾病；黄色的西红花被用来治疗黄疸；形似人体的曼德拉草和人参常用于多种疾病的治疗。

科学医学的时代

文艺复兴见证了欧洲医学学派实验医学的发展，以及古希腊和古罗马医学知识的再发现。但是直到19世纪，科学医学才真正开始对医学实践产生重大影响。一个关键的发现是传染病是由微生物引起的。这主要归功于法国化学家路易斯·巴斯德（Louis Pasteur）。巴斯德通过一系列精彩的试验，证明了酒的发酵和牛奶的变酸是由活的微生物引起的。他的研究结果转化成了牛奶的巴氏消毒法，并解决了包括农业、工业及动物和人类疾病在内的一系列问题。他成功地使用疫苗接种预防羊和牛的炭疽病、家禽的鸡霍乱，以及人和狗的狂犬病。

约瑟夫·李斯特（Joseph Lister）完善了巴斯德的一些概念，并将无菌原理引入外科手术。直到20世纪中期，外科手术和分娩都与高风险的感染和常发的死亡密切相关。1865年，时任格拉斯哥大学外科教授的李斯特在伤口和含菌的空

第一章 历 史

气之间设置了一层石炭酸杀菌屏障。随之而来的是感染和死亡人数的急剧下降。他的开创性成果使得手术环境消毒技术更加精细。

第一种麻醉剂是氧化亚氮（笑气），由汉弗莱·戴维（Humphrey Davy）于1799年发现，至今仍被用于口腔科麻醉。1846年，美国牙医威廉·莫顿（William Morton）引入乙醚作为麻醉剂，使外科手术和分娩不再那么令人恐惧。外科手术的另一个重大进展来自爱丁堡。那里的助产学教授詹姆斯·杨·辛普森（James Young Simpson）一直在他自己和助手身上做试验，尝试吸入各种蒸气以寻找一种有效的麻醉剂。1847年，氯仿的试验取得了圆满成功，氯仿很快成为首选麻醉剂。在英国，维多利亚女王正式批准使用麻醉剂。1853年，她在生下第八个孩子利奥波德王子时，她的医生约翰·斯诺（John Snow）为她实施了氯仿麻醉。

现代药品的发展始于19世纪的德国。德国作为医学科学方法的领导者，吸引了从世界各地涌向德国医学院的学生。德国化学家率先从草药中分离出纯药品化学物质：1803年，从粗鸦片中分离出吗啡；1820年，从金鸡纳树皮中分离出

什么是药品？

奎宁。吗啡被用作强效镇痛药，但就像之前的鸦片一样，吗啡也成为被滥用的药品；奎宁则对疟疾的预防和治疗产生了重大影响。那个时代杰出的科学领袖之一是保罗·埃尔利希（Paul Ehrlich）。当埃尔利希还是一名学生时，他就开始研究铅中毒，并由此发展出指导他后续工作的理论，即某些组织对某些化学物质具有选择性亲和力，继而产生了药品被体内特定受体识别的现代概念（参见第二章）。实际上，埃尔利希是首批使用"受体"一词的学者之一。20世纪初，英国剑桥生理学教授J. N. 兰利（J. N. Langley）研究了尼古丁和南美箭毒对神经-肌肉制剂的作用，并得出结论：这些药品作用于一种既不是神经也不是肌肉的"受体"物质。

20世纪后期至21世纪初，基础医学研究空前繁荣，可供临床使用的药品种类和数量显著增加，可治疗的疾病种类也大大增加。新合成药品的发现和生产成为主要产业。2016年，最畅销的药品主要是生物制剂、蛋白质类药品和抗体。这类药品使用生物模板制备，而不使用化学方法合成。美国医疗药品的年销售额从1939年的1.49亿美元增长到2014年惊人的10 572亿美元，增幅超千倍。这些新药对人类生活和福祉的影响非同小可。

第一章 历 史

娱乐性药品

个别人类有一种独特的倾向，即寻找能改变精神状态的化学物质。有时他们即使知晓这种行为可能有损健康，也仍会坚持使用。动物似乎也喜欢麻醉剂。例如，野生猿类会吃过熟到发酵出酒精的水果让自己产生轻微醉意。笔者的猫咪们很喜欢一只布老鼠。作为圣诞礼物，这只布老鼠内部塞满了猫薄荷的干叶子。猫咪们在地板上打滚，撕咬这个玩具，吸入令它们陶醉的气味。但是，猿类不会让搜寻过熟水果的行为主导它们的生活，猫咪们也不会经常去寻找猫薄荷，即使花园里就有这种植物。

几千年来，出于娱乐目的使用药品似乎也是人类行为的一部分。酒精可能是第一种这样的药品，它很容易从水果和野生酵母中获取。这些水果和野生酵母在全球大部分地区都很常见。学会控制发酵过程来酿造葡萄酒和啤酒只是人类的一小步。据记载，3 000多年前的古巴比伦就有了有组织的饮酒场所，罗马帝国遍地都在酿造葡萄酒。酒精饮料在希伯来圣经中也曾出现：挪亚成为农夫之后，种植葡萄并醉酒。种

什么是药品？

类繁多的酒精饮料已经成为一个巨大的产业。除了伊斯兰国家，酒精饮料的消费在世界各地都很普遍。像许多其他娱乐性药品一样，酒精也被广泛应用于医学领域。在乙醚和氯仿出现之前，酒精已经是一种可粗略使用的麻醉剂，也是许多成药的成分之一。稀释的含糖酒精饮料曾用于给患有腹绞痛而坐立不安的婴儿镇痛。当然，现在的镇痛药水已不再含酒精。酒精在宗教中也扮演着重要的角色，比如基督教的圣餐酒。在19世纪和20世纪的工业时代，贫困城市中过度饮酒和酒精依赖的现象尤其突出，当时杜松子酒非常廉价。大多数国家颁布了限制酒类销售的法律，并对酒类征收重税。在第一次世界大战期间，酗酒妨碍战争生产的说法导致酒吧开业时间受到限制，酒类产品的酒精浓度降低（1914年，《保卫王国法案》）。在过去的近30年间，"豪饮"——人们一次喝下足量的酒直至神志不清的现象依然层出不穷。

在20世纪的50多年里，吸食各种形式的烟草是西方世界最流行的娱乐药品使用形式（图1）。烟草植物（黄花烟草）原产于北美洲，吸食干燥的叶子是许多美洲印第安部落的习俗。吸烟也是印度仪式的重要组成部分，例如通过吸烟来讲和（互相传吸代表讲和的烟斗）。他们还认为烟草具有药用

第一章 历 史

价值。克里斯托弗·哥伦布（Christopher Columbus）把这种植物和习俗带到了欧洲，使二者迅速传播开来。美洲的早期欧洲殖民者种植烟草出口到欧洲，烟草很快成为他们贸易活动中的主要商品。1604年，英国国王詹姆斯一世（King James I）发表了一篇反吸烟的专著《反烟草》，成功起到了提高烟草税的效果。

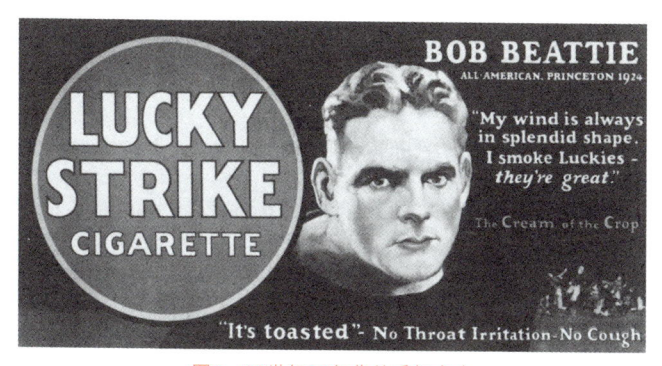

图1　20世纪20年代的香烟广告

在印度和阿拉伯世界，吸食燃烧后的大麻叶子有着数千年的历史。干燥的叶子（大麻香烟）和药效更强的雌株花头（无籽大麻）或黏稠的大麻脂，可以直接吸食或添加到各种食品中。在印度教中，大麻扮演着重要的仪式角色。直到20世纪中期，大麻作为一种娱乐性药品在西方几乎还不为人

什么是药品？

知。而20世纪六七十年代，它在"垮掉的一代"和嬉皮士中流行起来。从那时起，它就深深地扎根于西方文化中，成为仅次于酒精和烟草的第三大消费广泛的娱乐性药品。美国加利福尼亚州和荷兰的植物育种家培育出一种新的大麻植物，其活性成分Δ9-四氢大麻酚（THC）的含量有所提高。除了麻醉作用，大麻也有一些潜在的重要药用用途，在印度医学中被广泛使用了几个世纪。从19世纪中期到20世纪中期，它也在西方医学中应用了近一百年。

秘鲁的原住民咀嚼而不是点燃古柯叶。古柯叶被印加人视为"神"的象征。然而，西班牙征服者认为咀嚼古柯叶是一种恶习，因此与烟草在西方的流行不同，咀嚼古柯叶的习俗并未被引入欧洲社会。1860年，德国化学家阿尔伯特·尼曼（Albert Niemann）从可卡因活性成分中分离出了纯化学物质，这种药品因其药用特性猛然流行起来。这是第一个有效的局部麻醉剂，可用于精细的眼科和牙科手术。在十多年的时间里，可卡因被用于各种各样的医疗场景，并得到了西格蒙德·弗洛伊德（Sigmund Freud）的支持。当时，可卡因被传能治疗各种神经疾病，因此也开始被用作娱乐性药品。最初的可口可乐是用古柯叶泡制的药水，也是含有可卡

第一章 历 史

因的。一系列"古柯酒"制剂成为专利药品（图2）。含有可卡因的止咳片甚至被默克公司推向市场，号称能让歌声"如银铃般悦耳"。具有讽刺意味的是，它的医疗用途之一是治疗19世纪晚期才被认识到的鸦片成瘾现象。然而，可卡因的强大成瘾性很快就显现出来，在医疗和非医疗用途上几乎完全退出了舞台。直到20世纪晚期，可卡因作为一种现代娱乐性药品（毒品）重新流行起来。

图2 在20世纪早期，含有可卡因的药品被当作治疗各种疾病的药品销售

什么是药品？

鸦片，罂粟植物的干燥树脂，是另一种古代药品，在历史上也曾作为娱乐性药品出现。鸦片是最古老的有效镇痛药之一，在东西方草药中都占有重要地位。在19世纪的英国，鸦片被大量进口，有着不受限制的医疗和非医疗用途。贫穷的工人会从街角的商店买到生鸦片制品。工人阶级家庭的孩子会在父母上班时被灌下含有鸦片的甜饮料以保持安静，有时孩子们会因此而死去。中产阶级家庭的主妇会在水中稀释精制的鸦片酊——一种鸦片的酒精提取物。鸦片是大英帝国经济中的重要产品，英国利用鸦片战争（1840—1842），迫使中国接受从印度进口鸦片。鸦片及后来的纯化合物吗啡，构成了数百种不同药品的基础。鸦片消费在19世纪后期上升到新的高度。1850年，皮下注射器的发明使得吗啡和更强大的合成衍生物海洛因可以直接进入血液。在1868年第一部《药房法》生效之前，英国对鸦片的使用没有任何限制。直到那时，大西洋两岸才认识到成瘾的问题。据当时的估计，到1900年时，美国每500人中就会有一人对鸦片上瘾。认识到严重性后，严格的供应管制很快便出台了，但结果是喜忧参半的。

第一章 历 史

19世纪英国的鸦片

药店出售和储存的鸦片制剂种类繁多。有鸦片丸剂（鸦片皂丸、鸦片铅丸）、鸦片含片、鸦片复合粉、鸦片糖、鸦片膏药、鸦片灌肠剂、鸦片胶、鸦片醋和鸦片酒。还有一种著名的鸦片酊剂（鸦片溶于酒精），在民间广为流传。人们使用罂粟干荚、罂粟熏剂、白罂粟糖浆和罂粟提取物来实现类似效果。还有一些全国闻名且历史悠久的制剂，如杜佛式散，这是吐根和鸦片粉的混合物，是托马斯·多佛医生开出的治疗痛风的处方……19世纪中期，市场上开始出现越来越多的商业制剂。它们的典型代表是哥罗丁——有科利斯·布朗牌、托尔牌和弗里曼牌。儿童鸦片制剂，如戈弗雷鸦片酊和达尔比祛风药早已上市，被职业母亲用来在她们外出工作时让孩子保持安静。上述鸦片制剂随处都能买到。当地也有一些类似制剂，比如肯德尔黑滴，据说其药力是鸦片酊的四倍，而且因为诗人塞缪尔·泰勒·柯勒律治（Samuel Taylor Coleridge）使用过这种药，所以在当地以外也很有名。芬斯地区的罂粟果茶、克里克豪威尔地区的"瞌睡虫啤酒"、忘忧药、欧布里奇的补肺药、巴特利的镇静药水——当时的流行药方、成药

什么是药品？

> 和教科书中的鸦片制剂都可以买到。
>
> ——弗吉尼亚·贝里奇（Virginia Berridge）

20世纪出现了首批可改变意识的全合成药品。右旋苯丙胺在20世纪初首次被合成，它具有收缩血管的能力。它以"苯丙胺"的名称售出，可以滴服或吸入，有助于缓解鼻塞症状。在第二次世界大战期间，右旋苯丙胺有了新的用途——作为兴奋剂使军事人员长时间保持警觉和清醒，例如，提供给承担长时间飞行任务的轰炸机机组人员。苯丙胺的更强效形式，如甲基苯丙胺，以及吸食这种药品的新形式，仍在被广泛滥用。与此同时，合成三聚乙醛和氯醛等镇静剂也出现了。

纵观历史，药品的医疗和非医疗用途一直密切交织在一起。吗啡一直是药典中最重要的药品之一，但也是最危险的滥用药品之一（参见第四章）。在新千禧年最初的几个年头，数个欧洲国家和美国的多个州重新引入了医疗用大麻。

D-LSD——D-麦角酰二乙胺，常简称为LSD，是一种强效半人工致幻剂。它是一种强效的可改变精神状态的合成化学物质。LSD的发现促使人们重新发现了其他从植物中提取的致幻剂,例如,从仙人掌中提取的麦司卡林,以及从墨西哥"神奇蘑菇"中提取的裸盖菇素。二者都在古代宗教仪式中占有重要地位。

D-LSD 的发现

瑞士化学家阿尔伯特·霍夫曼(Albert Hoffmann)在1938年首次合成了D-LSD。作为与麦角胺相关的一系列化学物质之一,它是从一种生长在黑麦作物上的真菌中分离出来的药品。

在过去的数百年中,医疗性药品和娱乐性药品的数量飞速增长。在医学领域,人们在治疗危及生命的疾病方面取得了突破。药品首次赋予人们控制自己生育的能力。与此同时,娱乐性药品的过度使用也导致了一些社区的贫穷潦倒。

第二章
药品作用机制

什么是药品？

药品是一种化学物质，是由一系列原子通过价键连接形成的分子。它们可以来源于自然，从植物、动物或微生物中提取。例如，许多用于治疗感染性疾病的抗生素是由微生物合成的化学物质，它们可以保护自身免受其他微生物的侵害。强效的抗癌药品紫杉醇是从红豆杉叶子中提取出来的。大多数药品都是人造的化学物质，可以作用于某种特定的生化靶标。然而，在21世纪，"生物制剂"——一种基于生物模板合成的蛋白质和抗体——的数量越来越多。它们由氨基酸链组成，大都是大分子。合成药品通常是相对较小的分子，包含10~100个原子。较大的生物分子，例如蛋白质（包含2 000~20 000个原子），不容易被人体吸收，而且在进入消化系统后往往会迅速降解，因此它们需要被直接注射进体内。药品含有活性分子及各种其他非活性成分，例如糖、淀粉或油，以制成药片或其他制剂。因为活性分子的用量通常

第二章 药品作用机制

很小，常以毫克为单位，所以只有添加一些惰性填充物，才能被加工和生产成药片。

大多数药品以片剂或胶囊形式口服，但也有些药品以液体形式口服（方便儿童或老年人吞咽），或通过注射等其他途径给药。口服药品会被胃肠逐渐吸收，进入血液，这是一个相对缓慢的过程。如果药品被用于治疗一种需要持续给药的慢性疾病，吸收缓慢便不是一个缺点了。治疗这些疾病的理想药品是每天口服一次，但这需要其能被肠道稳定吸收，并且活性分子在体内不会被迅速降解。另一种从肠道吸收但不需要吞咽药品的方法是将药品混入蜡状栓剂，插入直肠。这也能使活性物质被缓慢而持久地吸收，在几个欧洲国家是一种流行的给药方法。几年前，笔者的妻子在巴黎突然喉咙痛，去药店买药。我们的朋友见她手里拿着一些奇怪的蜡质含片正要咽下去，还好朋友及时告知了她正确的给药方法！而在其他一些国家，直肠栓剂并不流行。

有些药品需要更快速的递送。例如，用于治疗严重感染的抗生素或用于外科手术的麻醉剂。在这些情况下，药品以溶液的形式通过静脉直接注射到血液中。大多数生物制剂在

什么是药品？

肠道中是不稳定的，因此不能通过口服给药，而必须通过注射给药，通常注射到肌肉、皮下或直接静脉注射到血液中。一些瘾君子则通过吸食的手段向大脑快速递送尼古丁、大麻、可卡因、海洛因等毒品。许多药品可以通过肺部表面积相当大的血管迅速吸收。不同途径下尼古丁被血液吸收的速度如图3所示。在点燃香烟的几秒钟内，尼古丁就能直达吸烟者大脑，然后吸烟者便可通过控制吸烟频率和吸入深度调节尼古丁的递送。这种方式给药迅速，因此许多麻醉剂也是通过吸入递送的。就像吸烟者一样，麻醉医生可以通过改变给药速度精确地控制麻醉程度。有些药品可以局部输送到人体特定部位，避免整个身体暴露在过高剂量中。例如，将含有药品液滴的气溶胶吸入肺部以控制哮喘症状；将药膏涂抹在皮肤上以缓解疼痛；将药品以滴剂的形式直接滴入眼睛；等等。用于治疗大脑疾病的药品必须具有特殊的性质，因为大脑与血液之间有一层特殊的"血脑屏障"，其可以保护大脑不受饮食中吸收的有害化学物质的影响。只有较小且具有脂溶性的药品分子能够穿透这一屏障。

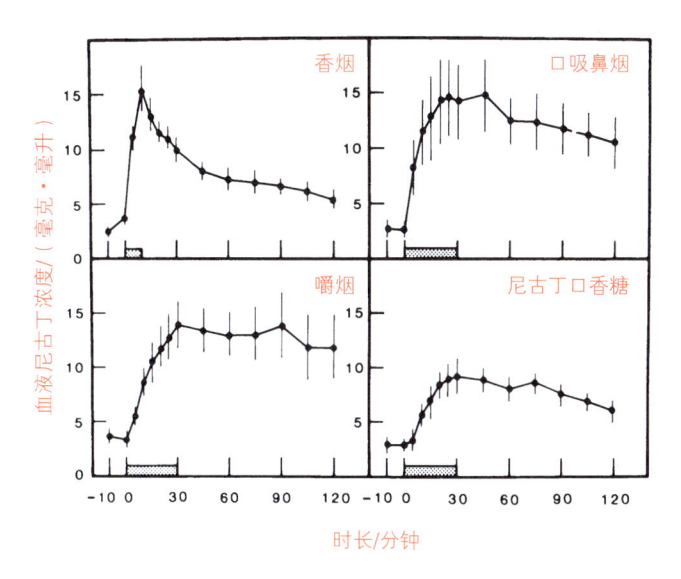

图3 不同途径下尼古丁被血液吸收的速度

给药系统目前已得到一些现代化的改进。一些经过特殊设计的药片可在肠道中缓慢溶解，从而延长药品的吸收时间。利用这种原理，化学家就有可能研制出每天只需使用一次的吗啡制剂来长效镇痛。这相对于过去快速失活、通常每4小时使用一次的药品来说是长足的进步。另一项改进是开发出含有活性分子的黏性皮肤贴片，可使药品长时间通过皮肤被吸收。例如，通过贴剂为绝经妇女递送雌激素，这种激素替代疗法已被广泛采用。

什么是药品？

药品受体

无论使用何种给药途径，药品分子最终都会进入血液——在血液中它可以自由地进入身体器官（除了大脑），或在局部被递送到靶器官。在靶器官中，药品被"受体"识别。这些受体是大分子，通常是蛋白质，能与药品紧密结合，具有高度的特异性。药品分子化学结构上细微的变化可能会产生不能与受体结合的类似物，从而失去活性。这种药品通常与蛋白质中由某些天然物质占据的位点相结合。然后，药品分子占据这个位点，要么模仿由天然化学物质引起的效果（激动剂），要么阻断它（拮抗剂）。例如，心脏中有β受体，它可以识别刺激心脏的激素，也就是肾上腺素（激动剂）。肾上腺素本身可以在紧急情况下用于刺激衰竭的心脏。同时，被称为β受体阻滞剂的合成药品也具有一定的医疗价值，可以用于治疗心脏病和高血压（参见第三章）。药品分子通常以（D-）和（L-）镜像形式存在，称为对映体。新药研制最终只选用高活性的对映体。

许多药品分子通常作用于在细胞信号机制中起作用的受

体蛋白分子。这些蛋白质位于各种组织（如肌肉、神经、肠道、大脑等）的细胞表面。它们可以识别血液中运输的激素并被其激活。例如，肾上腺素在巨大的精神压力下会分泌到血液中，让身体做好"战斗或逃跑"的准备。它的作用是触发存在于身体许多不同部位的受体。肾上腺素能刺激心脏泵出更多的血液，调动肌肉中的能量储备，提高呼吸频率。在有毛的动物身上，肾上腺素会使它们的毛发竖起，使动物看起来更大、更凶猛。

神经细胞上的受体可识别大脑中用于细胞间通信的许多不同的化学信使分子，并对其做出反应。天然信号分子的结合会激活这种受体蛋白。这会导致蛋白质的形状发生微妙变化，可能引发细胞对钠、钾、钙或其他无机离子渗透率产生变化，从而改变细胞的兴奋性。另外，被激活的受体可能会触发细胞内其他内部信号分子，即"第二信使"的合成，从而改变细胞的新陈代谢。人们已经掌握了几百种这样的细胞表面受体蛋白。随着人们对基因组的深入探索，更多的蛋白质逐渐被发现。一个典型的受体蛋白由400～500个氨基酸残基组成。许多受体蛋白经折叠后插入细胞膜，这样就有7个区域位于细胞膜内，还有一些区域突出于细胞膜的内表面和外

什么是药品？

表面。对这种受体分子结构的翔实了解有助于人们更好地理解它们是如何工作的，以及未来能对它们做出何种有助于药品分子起效的设计，使药品更精准地适应受体。许多药品分子可以激活通常由天然激动剂激活的受体位点，或充当拮抗剂与天然激动剂竞争其结合位点，从而阻止其正常作用。前些年，药学界又发现了另一类药品，它们改变了受体对其正常激动剂的敏感性，但是它们的结合位点又不是天然激动剂的结合位点。这种"别构"药品可以上调或下调受体功能。

位于细胞表面的其他蛋白质也可以成为药品靶点。一个庞大的蛋白质家族起着"守门人"的作用，调节着细胞中化学物质的含量，尤其是供所有活细胞"沐浴"在其中的盐溶液成分。这些成分包括钠、钾、钙、氯和其他无机盐。"守门人"蛋白质在细胞膜上形成微小的通道。这些化学物质可以通过通道进入或离开活细胞。通过改变这些蛋白质的形状，通道可以根据需求打开或关闭。这种通道在神经细胞和肌肉中尤为重要，它们依靠细胞内外盐溶液的不平衡产生微弱的电脉冲，实现神经信号的传递或肌肉的收缩。这些通道提供了丰富的药品靶点。例如，从毛地黄植物中提取的洋地黄是一种古老的药品，能通过阻断心肌细胞的钠通道，阻止具有潜在危险的过度活动。其他的细胞表面蛋白质就像"泵"一样，将化学物质从细胞膜的一边输送到另一边，通常是从细胞膜外到膜内。它们有许多功能，例如，向细胞输送葡萄糖或其他营养物质，或在细胞表面清除生物活性化学物质。以某个泵蛋白质为例，其功能是移除被激活的神经细胞释放的化学信使分子血清素。抗抑郁药品"百忧解"就是通过阻断这种"泵"发挥作用的。阻断这种"泵"可以延长血清素在大脑中的作用时间，这恰恰就是药品"百忧解"抗抑郁特性的基础（参见第三章）。

药品既可以作用于细胞表面，也可以作用于细胞内的生化靶点。一些药品直接与细胞核中的脱氧核糖核酸（DNA）结合，干扰DNA序列翻译成蛋白质的正常过程，从而抑制细胞分裂和生长。这对于一些控制癌细胞生长的药品尤为重要。细胞内的其他靶向目标还有酶。酶是一种蛋白质，它具有特殊的功能，可作为催化剂参与特定的化学反应。这些反应涉及分解食物产生能量或合成构成人体的某种复杂化学物质。这种化学合成通常涉及一系列复杂的反应和许多不同的酶。然而，用药品阻断一种酶的作用就可能会阻断整个合成途径。利用这一策略可设计出许多非常重要的药品。例如，

什么是药品？

许多抗生素通过阻断细菌细胞壁关键成分的合成来发挥作用，从而防止细菌进一步繁殖；降低胆固醇的药品则抑制一种参与胆固醇合成的酶。酶蛋白含有一个活性位点，通常与酶的化学底物结合。抑制剂通常结合在同一部位，阻止酶发挥作用。酶作为可溶性蛋白质，通常存在于活细胞胞液中。在当前的技术条件下，获取其三维分子结构的精确信息十分容易。而这反过来又有助于计算机辅助分子模拟技术，针对靶向特定酶活性位点设计药品分子。

遗传学旨在研究个体特征是如何遗传的，它在过去二十多年中取得了较大进展。这在很大程度上归功于那些使科学家能够表征DNA分子的强大新技术。这些长长的线性分子存在于体内每个细胞的细胞核中，它们携带着指定蛋白质所需的信息。这些信息由四种碱基组成的序列编码，即腺嘌呤、胸腺嘧啶、胞嘧啶和鸟嘌呤。单个基因的DNA由数千个碱基序列组成，这些碱基确定了形成蛋白质的20种不同氨基酸的序列。每个蛋白质平均含有500～1 000个氨基酸。人类基因组计划是一个跨国协作项目，称得上是遗传学领域里程碑式的成就：花费1亿多美元，耗时13年成功测序了超过30亿个碱基对的全人类DNA序列，对应着大约3万个不同基因的编码。

此后，DNA测序方法得到了根本性改进，现在可以在数天内对单个人类基因组进行测序，成本约为1 000美元。这样下去，人们很快就能买到自己独特的基因组检测报告。人们看到了通过特定基因序列确定对应的特定疾病的希望，从而开启了个性化定制药品的新时代。人们为实现这个目标进行了大量研究（参见第六章）。

与此同时，现在可以分离出编码特定蛋白质的人类DNA，并将其插入组织培养细胞。由此产生的新细胞，有时被称为"永生化细胞"，可以无限地生长和分裂，并且可以表达需要研究的蛋白质。分子药理学家因此可以在实验室条件下研究人类药品受体，并可以使用这些模型系统开发针对特定受体的新药。利用自动化实验室机器人，只需对50个或更多的药品靶点同时进行测试，就可以确定新药的活性概况。该技术既可以应用于细胞表面受体蛋白，也可以应用于酶。对于酶，人们也可以将人类基因植入细菌，使细菌生成人体蛋白酶。细菌通常很容易大量培养，所以用这种方法可以制造出大量的人体蛋白酶，然后再进行提取和纯化。在正常情况下，人体内只存在少量的蛋白酶，而用上述方法大量制造出的人体蛋白酶将被用于实验室研究和筛选新药。分

什么是药品？

子药理学的新时代允许科学家以一种空前的方式研究人类药品受体。以往对药品受体的研究依赖于对受体功能的间接测试，其中受体是未知生化成分的"黑盒子"。在分子药理学时代到来之前，研究药品对受体的作用通常需要使用实验动物组织中的受体。尽管人类药品受体与实验动物（如大鼠和小鼠）中发现的药品受体通常非常相似，但仍存在着重要的物种差异。

检测药品效果

虽然人们通过分子技术可以了解很多关于药品分子与受体相互作用的方式，但仍需要其他方法评估药品在体内的作用。一些药品的生物效应可以用实验室组织培养的人类或动物细胞来进行研究：微小的针状电极可以用于检测药品对脑细胞的电活动作用，直接记录组织培养的单个神经细胞的该类活动。另外，组织培养的心肌细胞可以用来检测药品对心脏兴奋性的影响。新抗生素杀灭细菌或其他微生物的有效性也可以在试管或培养皿中进行评估。整个药理学时代都依赖于离体的动物器官（如心脏、肌肉、肠道）。这些器官在离体后，如果被放在含氧的温盐水中培养，会持续收缩一段时

第二章 药品作用机制

间。人们在其中加入药品，通过测量肌肉收缩或心跳的变化研究药品的效果。

然而，人们最终还是想知道药品对整个机体有什么影响。如果人们想研究药品对血压的影响，不能指望仅仅通过检查它们对组织培养细胞或离体器官的影响就研究透彻，而需要测量人或动物自身的血压。如果人们对治疗癫痫的新药感兴趣，想对其进行测试，就需要使用癫痫发作的动物模型，即通过各种手段刺激动物模型，使其癫痫发作。归根结底，人们还是需要给患有癫痫的人服用这些药品，检测它们是否有效。然而，将毒性未知的新药首先用于人体实验是不符合伦理道德的，因此动物实验在研究药品效果阶段仍然不可避免地发挥着关键作用。分子技术的出现使得在实验室中用人类细胞进行新化合物的初步筛选成为可能，因此药品研究所需的动物数量近年来已显著减少。为了研究各类药品的效果，人类设计了大量不同的动物模型。如果明确了医学终点，弄清楚了生物学机制——例如，在降低血压、降低血液胆固醇、减少炎症或对抗传染病方面——动物模型通常可以相当精确地复制人类疾病。然而，对于其他疾病，特别是精神障碍，人们对其生物学基础知之甚少。在这些情况下，动

什么是药品？

物模型往往涉及复杂的行为测试。选择这些动物模型是因为已知对这些疾病有效的药品在它们身上同样具有某种明显的效果。

无论使用何种测试系统，是在试管中对药品/受体结合进行简单的生化测试，还是记录整个动物的复杂生理或行为反应，关键问题都是如何确定药品有效剂量。占据受体并因此产生反应所需的药品浓度是由药品分子对目标受体的亲和力决定的，即药品与受体的结合强度。若亲和力高，则只需要低浓度的药品，而且只需要极低的剂量就可以在整个动物体内激发所需的反应。为了找出药品/受体测试中的有效浓度，或整个动物、人体所需的剂量，需要测试大范围的药品浓度或剂量，其结果可以用剂量-反应曲线表示。由于药品有效浓度的范围往往相差千倍，因此药品浓度通常以对数刻度表示。豚鼠小肠收缩与增加组胺剂量的剂量-反应曲线如图4所示。剂量-反应曲线非常实用，因为它可以比较作用于同一受体的一系列不同药品的效力。一个有用的比较指标是半数有效浓度（EC_{50}）。尽管药品的作用反映了它们占据特定受体靶点的能力，但试管或组织培养模型产生的剂量-反应曲线并不总能反映整体情况。在给药时，药品可能达不到预期的靶

第二章　药品作用机制

点或可能很快就失活了。针对大脑受体的药品可能无法穿透血脑屏障。因此，尽管药品对正确的受体具有高亲和力，但在整个动物或人体内也可能相当不活跃。如图4所示，药理学家测量增加药品剂量的效果，以找到最大效应和半数有效剂量（ED_{50}）。

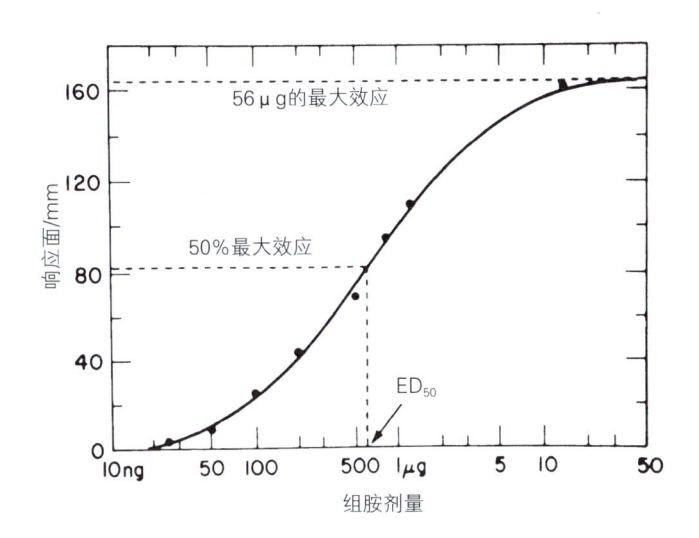

图4　豚鼠小肠收缩与增加组胺剂量的剂量–反应曲线

使用药物治疗疾病时，找到最佳剂量是最困难的工作之一。如果剂量过大，几乎所有的药品都会产生副作用。这些副作用可能是轻微的不适，也可能是危及生命的重要器官损

什么是药品？

伤——通常是肠道、肝脏或肾脏损伤。即使是通常被认为安全性较高的阿司匹林，也会对胃肠造成危险的刺激或引起胃肠出血。每年有成千上万的患者死于由阿司匹林和新的更强效的类阿司匹林药品引起的胃出血。对于大多数药品来说，都存在一个最佳的剂量范围，可以产生最大的医疗效益而不产生不良副作用。理想医疗效益的剂量范围与出现不良副作用的较高剂量范围之间的间隔，就是"治疗窗口"。显然，这个"窗口"应该尽可能大一些，但这并不总能实现。受体机制是治疗效果的基础，过度刺激同一受体机制有可能造成不良副作用。例如，吗啡被广泛用于治疗严重疼痛，但其治疗窗口相对窄，在使用较高剂量时，恶心呕吐、意识模糊、便秘和危及生命的呼吸抑制等都是常见的副作用。这些副作用和缓解疼痛的功能都是由同一种阿片类受体机制介导的。同样，在大麻的医疗使用中经常遇到的一个问题是，产生有益医疗效果的剂量和引起中毒的剂量之间只有一个狭窄的治疗窗口。

为新药找到最合适的治疗剂量，并确定治疗窗口的大小，是每个药品开发过程中最困难的部分之一。由于患者的体型和药品失活的方式不同，不太可能确定一个适合所有患

第二章 药品作用机制

者的最佳剂量，因此需要通过反复试验才能找到。男性和女性的最佳剂量可能不同，二者使药品失活的方式也有所不同。对于儿童和老年人，药品无法迅速失活，所以他们需要的剂量有可能比健康的成年人少。

药品失活

就人体而言，药品——无论是天然的还是人工合成的——都是外来物质，人体已进化出一系列复杂的防御系统来灭活和清除这些物质。在自然环境中，人类和其他动物在饮食中会摄入各种各样的化学物质，其中许多会产生生物效应。让这些具有潜在危险的化学物质在人体内积累显然是不可取的，它们必须被解毒和清除。通过这些机制，人造药品分子也会失活并被清除，这给药理学家带来了麻烦。如果药品失活或被清除得太快，那么它只在很短的时间内有效，可能需要重复给药。在某些情况下，例如，在使用吗啡控制剧烈疼痛时，可能需要每隔几小时使用一次，而长期治疗慢性病的理想药品显然最好每天只需服用一次。

有些药品会原封不动地随着尿液排出。肾脏有许多特定的泵机制，可以将物质从血液中主动清除，并通过尿液排

什么是药品？

出。这些机制特别适用于可以被肾脏泵机制识别的具有酸、碱特性的药品。脂溶性药品可能会很快从循环中被清除，因为它们往往会集中在体内脂肪中。这类药品可能在脂肪中长期存在，逐渐渗透到循环系统并被排出体外。虽然这些药品溶解在脂肪中，但它们没有生物活性，因为它们无法接触受体。例如，大麻及其某些代谢物在单次服用后会在体内脂肪中存留数周。由于微量的大麻会从脂肪库中渗透出来，并随尿液排出体外，因此使用者在一周后进行大麻药品测试，仍可能会出现尿检阳性的结果。

截至目前，使药品失活最重要的方法是新陈代谢，也就是利用酶将药品转化为无害产物，然后将其从体内清除。这种药品代谢大部分发生在肝脏中，肝脏富含多种药品代谢酶。肝脏在体内的位置具有很强的"战略意义"。由于它在血液进入全身循环之前接收了所有来自肠道的血液，因此它可以在那些从饮食中吸收的有毒化学物质造成太大伤害之前消除它们。药品分子受到一种或多种肝酶的攻击，转化为无活性的副产物，然后要么通过肝脏的胆汁排入肠道，最终通过粪便排出；要么经过肾脏，通过尿液排出。肝脏中的药品代谢酶，即细胞色素P450酶系，是由50余种相关酶组成的大

第二章 药品作用机制

家族,这些酶的演变方式令人瞩目。

这些酶基本上可以处理任何外来化学物质,包括在自然界中通常不会出现的人造药品。许多药品需要长时间重复服用,肝脏和肾脏每天都要清除这些外来化学物质。这些器官会接触高浓度的药品,因为药品首先被肠道吸收并经过肝脏,药品或其代谢物可能集中在肾脏中并通过尿液排出。因此,毫无疑问,肝脏和肾脏是最容易受到药品损伤的器官。损伤情况有时很严重,甚至会危及生命。药品在肝脏中的代谢有时也会产生高毒性的代谢物,例如,相对无害的药品扑热息痛,降解后也会形成损害肝脏的代谢物。

将这些风险降至最低的一种方法是研发和使用更多更强效的药品,从而减少需要服用的外来化学物质的量。老一代药品经常需要每天摄入1克或更多剂量,然而许多现代药品所需的剂量是1克的0.1%~1.0%。

各种药品代谢和消除机制的效率对药理学家提出了挑战,因为这些过程限制了药品的作用时间。有些药品可以很好地被肠道吸收,但在进入血液循环并发挥其有益作用之前,其可能会在肝脏中被大量代谢降解。另一个常见的问题

什么是药品？

是，对于同一种肝酶，不同的药品之间可能存在竞争。在这种情况下，同时服用的多种药品的作用时间和血液峰值水平可能会发生改变，很有可能会产生不良后果。这种药品的相互作用很常见，特别是在每天服用多种不同药品的老年患者中。长期的药物治疗还会引起另一个问题：如果重复服用同一种药品，可能会导致参与其代谢的肝酶大量增加。这就意味着，随着时间的推移，这种药品的药效会越来越差——这种现象被称为"耐药性"。药品相互作用也可能发生在这样的情况下：如果药品A导致肝酶活性大幅提高，且药品B由相同肝酶代谢，那么药品A可能会加速药品B的代谢。例如，贯叶连翘提取物已成为一种天然抗抑郁药，但很明显，该药会导致多种肝酶活性的提高，这可能会影响其他处方药的疗效，尤其是口服避孕药和用于治疗获得性免疫缺陷综合征（艾滋病）的药品。

人们也逐渐意识到某些人群对药品会产生特殊响应。这可能是由于基因改变了某些个体的药品响应。例如，6%的高加索人缺乏能编码名为CYP2D6的细胞色素P450酶系的基因。这种酶在大约四分之一的处方药的代谢中起着重要作用。因此，这些人在解毒和清除这些药品的能力方面存在严重障碍，在正常治疗剂量下可能反应过度。对决定药品响应的遗传因素的研究是一个新课题，被称为"药品基因组学"。

现代"生物"药品的失活涉及不同的机制。蛋白质激素（例如，胰岛素、人体生长激素）是血液循环中的天然成分。如果作为药品使用，它们将按照正常运行的机制失活。与天然存在的抗体一样，单克隆抗体可以在血液中循环很长时间，因此可能不需要频繁重复给药。

有些药品成分（例如锂）完全不能被人体代谢，但其吸收和清除速度仍然是决定其使用的重要因素。

长期用药的影响

许多药品被用于治疗慢性疾病，还有越来越多的药品被用于预防疾病的发展，例如降胆固醇药品（参见第三章）。这种长期给药方案可能会带来风险。正如前文所指出的，随着时间的推移，药品的效力降低并不罕见，因为它们会导致肝酶的增加。现代强效药品不太可能出现这种情况，因为肝酶的增加通常仅见于相对大剂量用药时。然而，还有其他机制可以引起药品耐药性的产生。例如，使用吗啡及其相关药

什么是药品？

品作为镇痛药的情况就很复杂，因为大多数患者对该药品都会产生耐药性，需要增加使用剂量——有时即使大剂量给药仍几乎无效。耐药的患者每天需要服用高达1克的吗啡，这一剂量对此前未接受过药物治疗的患者来说是致命的。在这种情况下，引发耐药性的机制尚不清晰，但这种现象却是真实存在的。其他作用于中枢神经系统的药品也表现出耐药性，有些还会导致"成瘾性"——有时被称为"物质依赖性"——的产生（参见第四章）。单克隆抗体长期给药的一个特殊问题是它们本身会引起免疫响应。早期的单克隆抗体是在小鼠体内产生且未经后期修饰的，它们会迅速引起免疫响应，从而失去效用。即使是最好的人源化或全人源单克隆抗体也可能具有免疫原性，这可能会限制它们的长期药效。

20世纪，人们对药品原理的认识有了显著提高，从而开启了一个理性用药的时代。在这个时代，科学家们针对个体疾病所对应的缺陷研制了靶向特定生化机理的新药。在21世纪，这种方法会继续得到推广，因为人们逐渐能够设计出最适合患者个体的药品。

第三章
医用药品

03

什么是药品？

21世纪的医生拥有一系列令人印象深刻的强效药品。这些药品可有效治疗许多迄今为止尚无法治愈的疾病。与昂贵的手术或医院护理相比，这些通常是管理疾病最划算的方法。在大多数发达国家，使用在药品上的平均支出占总体健康卫生预算的10%左右。随着越来越多昂贵"生物制剂"的面世，这一比例将不可避免地进一步扩大。

药品包括一直广受欢迎的草药、各种其他天然产物和大量的人造化合物。新一代生物制剂正变得越来越重要，包括用于替代某些疾病中残缺蛋白质的人类蛋白质，以及种类不断增多的抗体。这些蛋白质通常由免疫系统生成，是人体防御其他异物感染或入侵机制的一部分。接种疫苗后，免疫系统形成的抗体中将包含一些对疫苗中某种蛋白质具有高度特异性的抗体。然而，这些抗体都是微量的。人们发现，免疫系统的细胞可以与肿瘤细胞融合,从而实现复制、生产表达抗体的细胞,这一发现使制造特异性抗体成为可能。强大的分子生物学技术又使大规模合成这种人类抗体和其他人类蛋白质,并将其用作药品成为可能。超过300种这样的单克隆抗体已被批准用于医疗用途或正处于早期开发阶段。新一代单克隆抗体是一类新药,旨在靶向和灭活已知参与各种疾病潜在过程的各种关键蛋白质。

大多数人类蛋白质在体内含量极低。一直以来,获取一定量这些蛋白质的唯一方法是从血液和人类或动物的组织中提纯。如今,分子生物学技术可以利用组织培养细胞中的DNA模板制造出各种人类蛋白质。例如,大多数糖尿病患者都使用猪胰腺纯化的胰岛素进行治疗,而如今合成的人类激素在很大程度上取代了这一方法。生物制剂通常是大分子量的蛋白质,口服时不能被吸收,因此必须通过注射给药,有时可能需要每天多次注射(如胰岛素)。但在其他情况下,由医生每周或每月进行一次注射就可以了。

一些被认为使用较为安全的非处方药可以直接在药店中购买。这些药品包括广泛使用的镇痛药,如阿司匹林和扑

什么是药品？

热息痛，以及大量可以治疗咳嗽、感冒和其他轻微疾病的药品。这类药品通常以传统疗法为基础，其成分包括一些温和的活性成分、糖和香料，以利于患者服用。然而，大多数新药最初都是处方药。因为人们对其可能存在的风险知之甚少，不能确保其能够安全地作为非处方药销售。医生通过开处方并仔细监测患者的情况来控制这类药品的使用。如果药品是真正的新药，针对的是一种新的作用模式，具有明显的临床疗效，那么在上市初期，研发公司将享有垄断地位，可以高昂的价格出售该药品。这使该公司能够收回在新药研发中产生的成本并盈利。而其他公司很快将复制该药品或其类似的作用机制，并推出自己的版本。在这个阶段，竞争将使这些药品的价格下降，但原研药品仍将享有专利保护带来的20年垄断期。最终，当专利到期时，任何药品制造商都可以自由生产和销售原研药品的复制品，即仿制药。这将导致该类药品价格进一步下跌，有时甚至是大幅下跌。在这一过程结束时，最初的药品研发公司将获得可观的利润，在医学上具有重要意义的新药将以低廉的价格大量上市。

在一种新处方药被广泛使用多年后，人们会清楚地认识到这种药品使用起来相对安全，便可以非处方药的形式出售。例如，20世纪90年代，许多用于治疗胃溃疡的强效药可以作为非处方药销售，而在此前近20年里，它们只能作为处方药供应。对于某些药品，如果剂量不对，就可能给患者带来风险，或有将医用药品滥用的潜在可能。这类药品，例如，抗生素或阿片类镇痛药等，就不太可能成为非处方药。在维多利亚时代，吗啡是非处方药品，而现在就不可能存在这种情况。

本书并非药理学教科书。在有限的篇幅内，它不可能涵盖现有的所有药品。本书将列举几类例子，来说明成功治疗疾病的药品的一些基本原则。本章不涉及针对血液疾病、糖尿病和其他激素性疾病的药品。

心脏病和高血压治疗

1628年，威廉·哈维（William Harvey）出版了著作《心脏运动论》，在书中描述了心脏的跳动。通过对动物和人体的多项实验研究，他得出了在当时具有革新性的想法，即血液在体内循环，心脏则是推动血液循环的泵。在那之前，人们一直认为心脏在肺的帮助下泵入空气来冷却血液。人们现在知道，人体大约有4升的血液是由心脏泵出的。这

什么是药品？

些血液在肺部进行氧合，然后经过动脉输送到身体的所有组织，再通过静脉回流到心脏。人类的心脏完成了惊人的壮举，通过高压将相对黏稠的血液泵入组织中数百万个细小的毛细血管，并保持规律性地跳动。但是随着年龄的增长，高血压的发展使得心脏的工作越发艰难。这是由于血管变窄，心脏更难在正常压力下使血液通过血管。造成这些变化的原因有很多，其中最常见的是肥胖、过咸的饮食和吸烟。大多数脂肪含量高的西式饮食会提高血液中的胆固醇（一种不溶性脂类物质）含量，导致胆固醇沉积在动脉内壁，由此使得动脉收缩、血压升高。胆固醇沉积影响到冠状动脉时尤其危险，因为心肌内的这些血管是靠它提供氧气和营养物质的。如同时伴有血压升高现象，则会给心脏带来更大的负担。冠状动脉的部分阻塞会导致突发性心力衰竭。当一个或多个通往心脏的冠状血管完全阻塞时，患者会突然感到胸部和手臂剧痛，结果可能是死亡，也可能是心脏的长期或永久性损伤。

　　冠心病是最常见的疾病之一，而且是导致人类死亡的主要原因之一。在美国，约四分之一的死亡是由心血管疾病引起的。高血压和动脉收缩还会导致脑卒中，这是一种大脑关

第三章 医用药品

键区域的血液供应突然中断的疾病，也可能导致死亡或严重残疾。强效新药的出现使这种情况得以改善。在21世纪最初的几十年里，新的治疗方法开始显示出它们长期的益处。20世纪后期，药理学取得的重大成就之一便是成功治疗高血压、心脏病和异常高胆固醇等疾病。

用于治疗高血压的药品有许多不同的品种。最早被开发出来的是可以促进肾脏排尿的"利尿剂"。通过移除血液中的部分水分，这些药品减少了循环血量，从而降低了血压。目前有二十余种不同的利尿剂可供选择，它们作为廉价且较为有效的一线治疗药品被持续广泛使用。

20世纪60年代，该领域的第一个现代突破来自20世纪最伟大的药品发现者之一詹姆斯·布莱克（James Black）。当时他在ICI制药公司工作，他发现了首个β受体阻滞剂。这些药品靶向阻断存在于心脏中的β受体。这些受体会对肾上腺素（由肾上腺在应急条件下分泌到血液中）和去甲肾上腺素（一种由神经纤维分泌，支配和控制心脏的化学信使）做出响应。由于这两种激素的存在，β受体会导致心脏收缩速度加快，同时也会增加每次跳动的强度，从而导致血压升高。

什么是药品？

而β受体阻滞剂通过阻止肾上腺素和去甲肾上腺素的作用来抵消这些影响，从而降低血压。此外，因为可以减少心脏的工作量，此类药品对患有心力衰竭的人也有好处。心力衰竭是老年群体中常见的心脏循环障碍疾病。尽管已有其他新药被研发出来，但β受体阻滞剂仍被用作治疗高血压和心脏病的一线药品。

该领域的另一个重要的进展是发现了钙通道阻滞剂。这些药品作用于动脉周围的肌肉，可以控制动脉收缩或舒张的程度。显然，通过收缩的动脉泵血更加困难，因此肌肉收缩往往会导致血压升高。钙离子向细胞内的移动会导致血管收缩，而此类药品通过部分阻断这些通道使动脉舒张，减少血液流动的阻力，从而降低血压。这类降压药品品种繁多，效果显著。

与前两类药品的治疗作用机制完全不同，另一类可以治疗高血压和心力衰竭的药品是血管紧张素转换酶抑制剂（ACE抑制剂）。血管紧张素是一种强力触发动脉收缩的激素。它在调节血压和维持体液平衡方面起着关键作用。除了

第三章 医用药品

可以刺激动脉收缩外，血管紧张素还可作用于肾脏以抑制尿液的产生，并作用于大脑以产生口渴感受和饮水行为。

血管紧张素在血液中产生，来源于一种叫作肾素的非活性前体，这种转化需要血管紧张素转换酶（ACE）的参与。使用ACE抑制剂降低血压的想法源于20世纪60年代巴西科学家塞尔吉奥·费雷拉（Sergio Ferreira）的一项发现。他观察到巴西毒蛇的毒液会使动物的血压大幅度下降，发现降压效果源于毒液中抑制ACE的化合物。利用这些发现，制药公司开发出具有相同作用的化学合成药品。ACE抑制剂被证实是非常有效且安全的。而且，与β受体阻滞剂一样，它们既可以用来降低血压，也可以用来保护衰竭的心脏。到20世纪末，这类药品已经有十几种了。另一种阻止血管紧张素发挥作用的方法是开发以血管和肾脏中的激素作为受体的药品，而不是阻止它们的产生。近年来，许多血管紧张素受体拮抗剂面世，并已被证实与ACE抑制剂同样有效。某些患者倾向于使用这类药品，因为其副作用的发生率更低。ACE作用的生物过程如图5所示。

什么是药品？

图5　ACE作用的生物过程

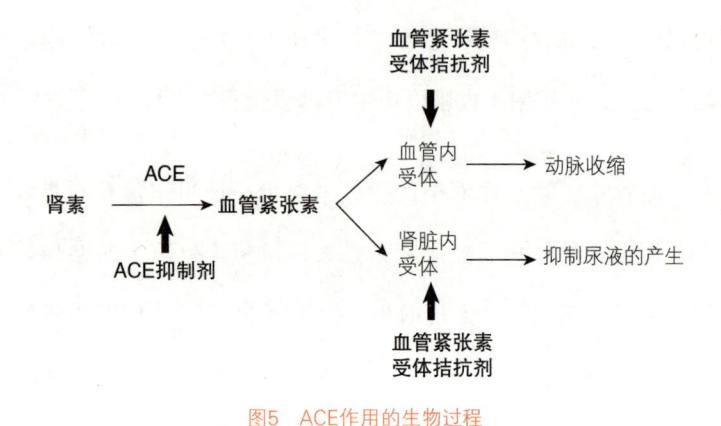

这里介绍的最后一类药品是降胆固醇药品。在西方国家，高脂肪饮食和缺乏运动往往会导致血液中胆固醇的含量异常高。胆固醇会在血管内壁沉积，部分阻塞血管。这会提高心力衰竭、高血压和中风的风险。血液中只有不到一半的胆固醇来自饮食，其余部分主要在肝脏内合成。降胆固醇药品，即他汀类药品，通过靶向合成途径中的一种关键酶——β-羟[基]-β-甲戊二酸单酰辅酶A（HMG-CoA）还原酶来阻止胆固醇合成。这使得通过药物治疗将血液胆固醇降低40%～50%成为可能。他汀类药品在20世纪80年代问世，经过多年才逐渐被人们接受。它代表了一种新的治疗方式：预防疾病发展，而不是治疗现有症状。它不能降低血压或治疗

第三章　医用药品

已衰竭的心脏，但可以防止胆固醇进一步沉积在动脉中，甚至可能消退已经存在的沉积。现有证据明确表明，他汀类药品可以挽救患者的生命，特别是胆固醇水平极高或经历过一次心脏病发作的患者。他汀类药品是首批被广泛使用的"预防药品"之一。一旦患者开始服用他汀类药品，那么他将需要持续服用，这对于制药公司来说意味着源源不断的收益。在西方社会，约有一半的成年人胆固醇水平过高。毫无疑问，他汀类药品曾是利润最高的处方药之一，1999年首次上市时的销售额约为134亿美元。然而，最初代的他汀类药品的专利目前已经过期，这些药品的价格已经开始暴跌。辛伐他汀作为最早的他汀类药品之一，其仿制药目前在英国国家医疗服务体系中的成本约为每月1英镑。随着药品价格的大幅降低，英国国家卫生与临床优化研究所于2014年2月建议数百万人使用他汀类药品，这可以防止数千人因心脏病发作或中风而猝死。就国民健康保险制度而言，预防的成本远远低于治疗。

高血压和心脏病的药物治疗是制药领域最重要的成就之一。20世纪后期，许多新型药品面世，患者可以根据自己的具体病情选择合适的药品进行治疗。

什么是药品？

胃溃疡治疗

胃是了不起的器官。当食物进入胃时，胃内壁细胞会分泌消化液。这种消化液含有相当高浓度的盐酸，因此呈强酸性。胃液还含有胃蛋白酶等多种消化酶，即使在胃内强酸性环境中也能发挥作用。酸性胃液有助于食物快速地化学分解，同时通过消灭食物中可能含有的大部分潜在有害微生物来杀菌。但这种强酸性分泌物也有一定的危险性。在正常情况下，胃黏膜细胞由一层厚厚的黏液保护，防止其受到胃酸的损伤。然而，在某些情况下，这种防御可能会被突破，使得胃内脆弱的细胞暴露在酸性物质中，形成刺激甚至溃疡，产生损伤痛感。如果胃分泌了太多的胃液，溃疡就特别容易发生，尤其是在胃内没有食物的情况下。这种情况可能是各种压力的具象表现——大城市的现代生活充满了各种压力，会在无形中损害人的身体健康。此外，现代社会的另一个普遍特征就是过量饮酒，这也会损害胃的保护膜。还有一个风险因素是阿司匹林和类阿司匹林药品对胃内壁的刺激。

在发现有效的抗溃疡药品之前，治疗严重胃溃疡的唯一

第三章 医用药品

方法是手术切除胃的受损部分。然而,在20世纪七八十年代,新型强效抗溃疡药品的问世使得该类胃外科手术失去了市场。

20世纪70年代,詹姆斯·布莱克在治疗胃溃疡领域取得了首个突破。人们已经知道,胃中的化学信使分子组胺在胃酸分泌的一系列活动中扮演着关键角色。摄入食物会刺激组胺的释放,从而激活分泌胃酸的细胞。但是,经典的抗组胺药品不能阻断组胺在胃中的作用。詹姆斯·布莱克发现,这是因为组胺作用于胃中的受体不同于皮肤或肺。他和他的同事研发出第一种有效的拮抗剂,作用于胃的组胺H2受体,并且证实了这些化合物在抑制胃酸分泌方面非常有效。这对于胃溃疡愈合很有帮助,于是H2受体阻滞剂成为一种非常成功的新型处方药。詹姆斯·布莱克凭借这项工作以及β受体阻滞剂方面的早期工作,荣获1988年的诺贝尔生理学或医学奖。其中一种药品雷尼替丁的巨额销售量,使英国制药公司葛兰素史克成功跃入世界级药企的行列。目前,第一批组胺H2受体阻滞剂的专利已经到期,但它们仍在作为非处方药大量销售。

什么是药品？

　　伴随着另一种新药的研发，这一领域的第二个突破出现了。此种药品可直接作用于胃中分泌胃酸的细胞来抑制胃酸的形成，即质子泵抑制剂。它几乎可以彻底抑制胃酸分泌，比H2受体阻滞剂更为有效。因此，它可以帮助胃溃疡更快地愈合，通常治疗一个月就能几乎完全愈合。这类药品中首个成功的案例是奥美拉唑。研发它的瑞典制药公司阿斯利康原本是一家中等规模企业，后凭借该药品成功跃升为制药行业内的重要一员。1999年，H2受体阻滞剂和质子泵抑制剂的全球年销售总额约为160亿美元，使二者成为当时所有处方药中最具商业价值的药品。然而，如今这些药品的原始专利已经过期，仿制药的价格大大降低。目前英国国家医疗服务体系使用奥美拉唑或雷尼替丁的成本为每月1～2英镑。

　　治疗胃溃疡的重要药品并非只有以上几种。令人困惑的是，虽然H2受体阻滞剂或质子泵抑制剂可以成功治疗胃溃疡，但是当胃溃疡愈合，药物治疗停止一段时间后，一些患者的病症会复发。这仅仅是因为此类药品无法根除压力这一根本原因，还是有其他致病原因？答案让人大吃一惊！幽门螺杆菌进化并适应了胃部苛刻的条件，能在胃中生存繁衍，激发胃溃疡。来自澳大利亚的两名医生巴里·马歇尔（Barry

Marshall）和罗宾·沃伦（Robin Warren）首次成功地分离并鉴定出这种细菌。长期以来，人们一直认为胃的高酸性环境不可能容许任何生命体存活。但是幽门螺杆菌可以生活在胃的保护性黏膜里，它进化出了一种特殊的酶，可以产生氨中和胃酸的酸性。人们花了十多年的时间才认识到幽门螺杆菌是胃溃疡的诱发因素。如今人们很清楚地知道，这种细菌通过分泌有毒物质损伤患者胃部，进而将损伤发展成溃疡。然而，这种细菌在没有患胃溃疡的人群中也很常见。在英国和美国，40岁左右的成年人中近半数都携带有这种细菌。幽门螺杆菌的存在，加上压力或酒精等其他因素，很容易对胃造成损伤。如今，通常使用H2受体阻滞剂或质子泵抑制剂治疗胃溃疡，并且同时使用清除幽门螺杆菌感染的抗生素，加以铋盐等药品辅助加强胃黏膜保护层，这种用药方法被称为"鸡尾酒三联法"。

癌症治疗

癌症目前仍然是一种常见且可怕的疾病，它意味着组织细胞不受控制地分裂生长，最终成为战胜机体防御系统的实体瘤或循环肿瘤细胞。癌症有许多种类，通常是与身体某个

什么是药品？

器官有关。肺癌是最常见的一种癌症，这在很大程度上也是20世纪早期吸烟流行的后果。

成熟的治疗方法

目前针对癌症仍在广泛使用的方法包括：手术——切除全部或部分肿瘤；放射治疗——使用高能射线聚焦于肿瘤来消灭它；化学治疗——使用化学合成药品杀死或灭活快速分裂的癌细胞。许多抗癌药品被批准用于化学治疗，它们可能会展现出显著的治疗效果，却也有严重的副作用，包括重度恶心和呕吐，这些副作用在治疗期间和结束后的几天内都很常见。由于此类药品针对的是快速分裂的细胞，它们也会对含有这些细胞的身体组织（包括毛囊、骨髓、皮肤和肠道内膜）造成损伤。因此，化学治疗通常会导致脱发和免疫系统受损。因为免疫系统通常依靠骨髓提供细胞，所以在化学治疗的同时，进行干细胞和骨髓的外科移植可以减少治疗带来的副作用。

癌症靶向治疗

癌症的靶向治疗是以干扰肿瘤细胞生长、发展和扩散的特定分子为目标，利用分子靶向药品抑制肿瘤细胞，也被称为"分子靶向治疗"。

靶向治疗的关键在于识别在癌细胞生长和存活过程中起关键作用的分子。在癌细胞中存在而在正常细胞中不存在的蛋白质和异常大量存在的蛋白质可能是靶向治疗的靶点，特别是当它们与细胞生长或存活有关时。例如，人表皮生长因子受体-2（HER-2）可以在某些癌细胞表面高水平表达。首个单克隆抗体曲妥珠单抗"赫赛汀"，就是以HER-2蛋白为靶点进行靶向治疗。另一种方法是识别驱动癌细胞生长的突变蛋白质。例如，细胞生长信号蛋白BRAF以一种突变的形式（BRAF V600E）存在于许多黑色素瘤中。单克隆抗体维莫非尼可有效治疗含有这种突变蛋白的黑色素瘤。但并不是所有的靶向治疗都是利用单克隆抗体实现的。例如，伊马替尼是一种人工合成的化学物质，它主要针对一种促进白血病细胞生长的BCR-ABL融合蛋白。

目前，癌症靶向治疗的研发仍是一个复杂的技术过程，涉及针对潜在靶点的大量药物分子或抗体的自动筛选。

靶向治疗是人类向战胜癌症这一目标迈出的一大步，但

什么是药品？

它并非总是有效的。癌细胞通常会对治疗药品产生耐药性，这可能是因为靶点本身发生了突变，也可能是因为癌细胞利用一种新的途径实现了肿瘤的生长。因此，靶向治疗通常需要组合使用两种靶向药品，或在使用一种靶向药品的同时进行常规治疗（如化学治疗）。

在过去的50年间，癌症的治疗有了长足的进步，部分得益于更好的早期诊断，但也离不开各种各样的靶向治疗方法。在英格兰和威尔士，被诊断出患有癌症的人中有一半有望存活10年。但10年存活率在不同癌症间差异巨大，高至睾丸癌的98%，低至肺癌的5%。在过去的50年间，英格兰和威尔士的总体存活率翻了一番。在美国和一些欧洲国家中，癌症患者存活率的提升幅度更大。可用于治疗特定癌症的单克隆抗体越来越多，将对未来的治疗效果产生进一步有利影响。

镇痛与炎症治疗

免疫系统是机体用于抵抗感染或外来侵害的非常复杂的防御机制系统。免疫系统的功能是识别所有的外来物质并激活各种防御机制，旨在消灭入侵的微生物或修复组织损伤。

第三章 医用药品

它能动员识别外源蛋白质或其他大分子蛋白质的抗体，并协调机体进行灭活。抗体与外来物质结合有助于加速各类白细胞对它们进行处理，攻击、杀死并最终吞噬外来细胞或入侵的微生物。白细胞脱离血液，集中在受损的组织部位，在那里帮助清除死亡和受损的细胞，因此经常会引起伴有局部疼痛的炎症反应。免疫系统与白细胞及与其他的身体部分之间，通过复杂的化学信号分子（如趋化因子家族和细胞因子家族）相互联系。其中包括被称为白细胞介素的蛋白质和其他诸如肿瘤坏死因子和干扰素的蛋白质。这些分子在免疫系统被激活时生成。除此之外，它们还会作用于大脑，引发疾病综合征，症状包括发烧、嗜睡、食欲不振等，类似于人们熟知的流感或其他传染病的症状。若干年前，人们还不能干涉炎症背后的复杂分子机制。但如今，单克隆抗体做到了这一点，这无疑是一个重大的进步。

免疫系统在对抗外来"入侵者"的过程中起着至关重要的作用。但是，这种强大的防御系统也可能出错，转而对抗机体自身。人类许多常见的自身免疫性疾病正是由于某种原因，免疫系统将身体的一些"我方"部位识别为"敌方"，发动攻击从而激发炎症和损伤。例如，关节炎会导致关节发

什么是药品？

炎和疼痛，软骨和骨骼被逐步侵蚀；多发性硬化症是一种中枢神经系统慢性疾病，包裹和隔离神经的髓磷脂（由神经鞘脂结合蛋白质组成）逐渐受到攻击；哮喘是出现在肺部的慢性炎症，会导致呼吸困难。

幸运的是，有许多药品可用于缓解疼痛和炎症的症状。发明最早、使用最广泛的一种药品就是阿司匹林。阿司匹林是乙酰水杨酸化合物的药品名称。这是一个很好的例子，说明了水杨酸作为母体化合物，只要发生一个较小的变化，就能显著地改善药效。人们在18世纪就发现了柳树皮有退烧的功能。19世纪70年代，人们追溯柳树皮的药效根源，发现了其中的水杨酸化合物。德国人开发出水杨酸的合成方法，海登化学公司将其作为一种药品在市场上进行销售。它不仅被广泛用于治疗发烧，还能减轻风湿病、关节炎、头痛和神经痛引发的疼痛。然而，水杨酸却远远不是理想的药品——它是一种令人恶心的、带有苦味的液体，经常导致患者呕吐；并且还会对胃造成严重刺激，可导致危及生命的出血和溃疡。通过合成水杨酸的乙酰衍生物——阿司匹林，在德国拜耳公司工作的化学家费利克斯·霍夫曼（Felix Hoffmann）和药理学家海因里希·德莱塞（Heinrich Dreser）于1898年解决了这些问题。在1899年发表的一篇论文中,海因里希·德莱塞表明在动物实验中阿司匹林具有和母体化合物一样良好的镇痛和退热效果。与此同时,它还是一种更安全、更方便的药品。1899年,拜耳公司为阿司匹林申请了专利。

阿司匹林不具有母体水杨酸的苦味,但不易溶于水中。因此,拜耳公司决定以压缩片剂的形式制造这种药品,它会在胃中崩解成粉末状。于是,阿司匹林成为第一个以片剂形式销售的大宗药品。因在20世纪初上市,阿司匹林又被称为"世纪药品"。阿司匹林被广泛用于治疗各种疼痛,在那个吗啡是唯一镇痛药替代品的年代,阿司匹林作为一种安全、不易上瘾的镇痛药非常受欢迎。虽然德国在第一次世界大战结束时放弃了许多阿司匹林的相关专利,但拜耳公司凭借一段时间内对阿司匹林的垄断获取了巨大的商业利润。1918年以后,由于最初的专利已丧失,许多其他公司也能够生产和销售这种药品。这导致了竞争激烈的营销活动,即"阿司匹林战争",各药企争相销售被广泛使用的阿司匹林。宣传阿司匹林的漫画如图6所示。

什么是药品?

"每天一粒阿司匹林,可有效预防心脏疾病。短跑、健身、骑自行车……记得带上它。"

图6 宣传阿司匹林的漫画

人们不断发现阿司匹林新的医学用途,其中之一是作用于血液中的血小板——在凝血过程中意义重大的特殊细胞。通过使血小板凝血机制失活,阿司匹林可以降低血液内凝的可能性。不必要的血凝块会引发心脏病发作或中风,因此建议有患这些疾病风险的人每天服用低剂量的阿司匹林。阿司匹林的作用机制一直未知,直到英国药理学家约翰·文(John Vane)在1971年和他的同事证实了它是炎症机制中关键酶(环氧合酶)的抑制剂。这种酶能产生一种炎症介质:前列腺素，它会引发疼痛和炎症。阿司匹林可以通过抑制前列腺素的形成来减轻疼痛，进而抑制整个炎症过程。约翰·文表明，不仅是阿司匹林，自阿司匹林问世以来，其他非甾体抗炎药（如布洛芬、依托度酸和吲哚美辛）也通过同样的机制发挥作用。1982年，约翰·文被授予诺贝尔生理学或医学奖，以表彰他这一泽被后世的发现。

阿司匹林的故事还在继续。20世纪末，一种新的非甾体抗炎药出现了。它和以前的镇痛药和抗炎药一样有效，但不易引起胃刺激和出血，这些正是阿司匹林和其他阿司匹林类药品最常见、最严重的副作用。虽然这些副作用很少造成严重的影响，但它们具有此类风险。数百万人服用阿司匹林和其他非甾体抗炎药，每年有数千人死于药品引起的严重胃出血。新药针对的是一种新发现的COX_2（环氧合酶）。与之前研究的COX_1不同，COX_2仅在炎症或损伤响应中产生。因此，它是抗炎药品的理想靶点。与之前的非甾体抗炎药对两种酶通用的抑制作用机制不同，新药只是选择性地抑制COX_2。COX_2不存在于胃黏膜细胞中，而COX_1存在于胃黏膜细胞中，因此COX_2抑制剂不会引起胃刺激和出血。21世纪的COX_2抑制剂似乎取得了和100年前的阿司匹林一样的成功。

什么是药品?

在世纪之交推出的两款COX_2抑制剂罗非昔布和塞来昔布,销售额在2000年便已超过30亿美元。另一种COX_2拮抗剂伐地考昔也被顺势推出。然而,这些药品的畅销期都是短暂的。长期临床试验显示,接受罗非昔布治疗的患者心脏病发作或中风的概率显著增加。鉴于此,罗非昔布已退出市场,伐地考昔也同样被撤市。美国食品药品监督管理局对所有使用塞来昔布或更早期非甾体抗炎药的患者给出了详细的警告:它们也有类似的风险。

还有其他类似阿司匹林的药品,其中使用最广泛的是对乙酰氨基酚。对乙酰氨基酚是一种有效的镇痛药,可以退烧,但比阿司匹林更安全。它不会引起胃刺激,可给幼年或老年患者使用。其作用机制尚不清楚,可能是通过抑制大脑中的环氧合酶,而不是在外周组织中发挥作用。然而,这也有危险,因为过量的对乙酰氨基酚会严重损伤肝脏和肾脏。由于它的使用过于广泛,每年都有与对乙酰氨基酚有关的死亡案例,甚至故意过量服用的案例。

然而,21世纪真正的扛鼎之作是一个针对炎症级联反应的关键蛋白(肿瘤坏死因子-α,TNF-α)的单克隆抗体。

第三章 医用药品

通过与TNF-α结合,此抗体可中断其功能并抑制炎症的整体过程。它们通过注射给药,通常使用笔式注射器,可以由患者自行皮下注射。因为抗体在体内循环中可持续作用一段时间,所以它们只需要每周或每两周注射一次。一些患有类风湿性关节炎等炎症性疾病的人的临床治疗结果往往好得惊人,患者持续多年的慢性疼痛和肿胀突然好转。该类型上市产品有:英夫利昔单抗、依那西普、阿达木单抗和戈利木单抗。这些药品彻底地改变了炎症性疾病的治疗方法,但它们的治疗是有代价的。在美国,上文列出的主要药品费用为每年20万~25万美元。在欧洲,国家医疗计划一直难以承受这样的费用。在英国,国民健康服务体系每年为领头羊"修美乐"支付13 500美元,且它只适用于其他药品失效的严重病例。这些新药在临床和商业上都取得了巨大的成功,但定价高一直是单克隆抗体的特点,这对其他医学分支也产生了极大影响。然而,也可能这只是一种暂时的现象。负责批准所有新药的欧洲药品管理局制定了批准生物类似药产品的规则。虽然世界上没有任何两种单克隆抗体在分子结构上是完全相同的,但是如果有一种抗体,它和原研抗体靶向同一蛋白质,分子水平上类似但是不完全一致,且在临床上被证明

什么是药品？

有效，那么可以在原研抗体的专利到期时被批准成为生物类似药。这一规则已经开始实施。

更严重的疼痛通常出现在癌症晚期。鸦片剂、吗啡或类吗啡药品仍然是最有效的选择（鸦片剂是从天然罂粟衍生出来的镇痛药；鸦片类药品的结构中至少有部分是通过化学合成的，未在自然界发现）。吗啡作用于大脑和脊髓中的特定阿片类受体部位，抑制神经束中的神经脉冲传递。正是这些神经束将"疼痛"信息传送到大脑。这些受体并非是为了识别植物来源的药品而存在的，而是人体自身疼痛防御系统的一部分。阿片类受体通常被机体内产生的内啡肽（内源性吗啡肽）激活。尤其是在特定的压力或紧急情况下，当"战斗或逃跑"比痛感更重要时，机体会释放这些化学物质阻止痛感产生。因此，在球场上受伤的足球运动员或在战斗中受伤的士兵不会立即感受到疼痛。

如今有许多合成化学药品和吗啡作用于相同的受体。其中一些的药效比吗啡还要强数倍，如芬太尼。然而，吗啡仍被继续广泛使用。新的缓释制剂（如芬太尼皮肤贴片）通过每天给药一次或两次，就可以控制大多数疼痛。然而，多次使用吗啡和相关的阿片类药品也存在一些问题。除非患者已处于绝症晚期，不然医生经常担心使用这些药品会造成患者药品成瘾（参见第四章）。使用吗啡类似物羟考酮的经验表明，这种担忧是有充分根据的。羟考酮在美国一经上市，就引发了瘾君子泛滥的乱象。迄今为止，这一现象在欧洲还未出现，也许是因为在美国获得处方药比在欧洲更容易。患者反复使用类吗啡药品的另一个问题是会产生耐药性，因此需要使用更大的剂量。最终，患者可能不再能从药品中获得所需的镇痛效果。人们现在仍然需要更好的药品来控制严重的慢性疼痛。

神经性疼痛治疗

神经性疼痛不同于炎症性疼痛，对非甾体抗炎药或阿片类药品没有响应。它发生在感觉神经受损的时候。这可能是糖尿病、针对癌症的化学治疗或带状疱疹感染的结果。这种感觉是一种灼烧性疼痛，很难治疗。三环类抗抑郁药品阿米替林和丙咪嗪有时有助于缓解疼痛，尽管它们的起效方式不同于通过增强单胺功能治疗抑郁症，但其可能是通过阻断感觉神经上的电压敏感离子通道来抑制痛觉传递。其他药品

什么是药品？

包括加巴喷丁、普瑞巴林，它们的作用机制与抑制性神经递质GABA（γ-氨基丁酸）的任何直接相互作用都无关，相反，它们靶向作用于感觉神经中电压敏感钙通道的特定亚单位。一种特殊形式的神经性疼痛——大脑中的神经纤维束受损——影响着一些多发性硬化症患者。这种形式的"中枢性"疼痛尤其难以治疗。多年前，一种含有大麻提取物的药品"Sativex"已在英国被批准用于治疗多发性硬化症疼痛。这是自19世纪以来医疗药品中首次使用大麻。神经性疼痛仍然是许多患者的慢性负担，现有的药品仅能缓解其中大约一半的疼痛病例。

受损意识治疗

20世纪后期，药理学领域最显著的进步之一是发现并广泛使用有助于治疗精神障碍的药品。改善精神分裂、抑郁和焦虑等症状的药品使人们对这些疾病的认识产生了重大突破：人们逐渐意识到这些疾病有其器质性的基础。这些药品还带来了精神疾病管理的彻底变化。它们加快了精神病院的关闭，在此之前，危险的精神疾病患者不得不被关在那里且远离社会。

几乎所有的精神药品都以这样或那样的方式作用于大脑中的化学信使系统。神经系统的化学信号传递如图7所示。通过复杂的神经回路，大脑中数十亿计的神经细胞相互传递信息。神经细胞在胞内和胞外保持着微小的电势。这些"电池"的放电允许它们沿着细长的纤维传输电脉冲。然而，当电脉冲到达电路的下一个"电池"附近时，从细胞到细胞的传递就不再是电过程，而是化学过程了。到达神经纤维末端的神经冲动，会引起神经细胞释放少量的大脑所需的多种化学信使物质。化学物质作用于靶细胞表面的受体蛋白，从而引起对靶细胞活性的兴奋或抑制（关闭信号和打开信号一样重要）。

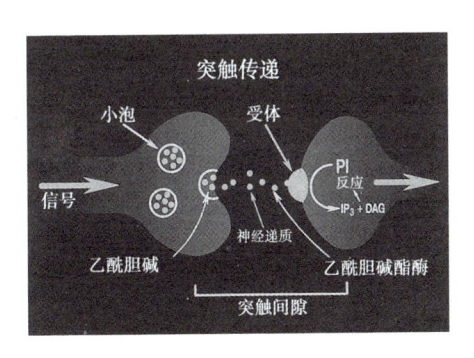

图7 神经系统的化学信号传递

什么是药品？

50多种特殊的化学物质以这种方式成为信使分子，且每一种都能被其特定的细胞表面受体识别。这为药品干预提供了许多不同的靶点，有些是为了增强特定化学信使的功能，有些是为了阻断其作用。第一个用于治疗临床抑郁症的有效药品是通过增强大脑中单胺类化学物质的活性而发挥作用的化合物。这两种与抑郁症特别相关的化学物质是去甲肾上腺素和5-羟色胺。这两种物质都能调节大脑的思维活动，即在大脑皮层的活动中发挥作用。去甲肾上腺素有助于提醒大脑注意外部世界发生的有趣事件，而5-羟色胺在决定情绪状态和心情中起着关键作用。

第一批安全有效的抗抑郁药品是在20世纪50年代被发现的，包括由瑞士汽巴-嘉基公司生产的药品丙咪嗪和由美国默克公司生产的阿米替林。这些药品可以提升人脑的单胺功能。从神经末梢被释放后，去甲肾上腺素和5-羟色胺通过一种再捕获机制而失活。也就是说，通过位于神经细胞膜上的一种特定转运蛋白，它们又被泵回神经末梢，即它们之前被释放的位置。抗抑郁药丙咪嗪和阿米替林通过抑制这些泵机制发挥作用，从而延长了释放的单胺的作用时间。美国国家心理健康研究所的朱利叶斯·阿克塞尔罗德博士（Dr. Julius

第三章 医用药品

Axelrod）首先发现了单胺再摄取机制及抗抑郁药对它们的作用。因此，他于1970年获得了诺贝尔生理学或医学奖。丙咪嗪和阿米替林非常受欢迎，并始终被广泛使用。

然而，在20世纪八九十年代，人们发现了更为成功的抗抑郁药。这些药品高选择性靶向5-羟色胺的单胺转运体，而不影响其他单胺转运体。以百忧解为代表的选择性5-羟色胺再摄取抑制剂（SSRIs）比之前的药品更安全，因为之前的药品一旦过量服用就可能会带来危险。百忧解和相关的SSRIs药占领了抗抑郁药不断扩张的市场。从那时起，最初的SSRIs药品专利已经到期，在很大程度上被更便宜的仿制药所取代。与此同时，大西洋两岸抗抑郁药的使用量也大幅增加。在过去20年里，美国的抗抑郁药市场增长了400%，而欧洲增长了500%。市售的安全有效的药品表明受临床抑郁症影响的人数比人们认为的要多得多。这些药品使用量的上涨趋势与大多数欧洲国家自杀率的下降趋势相一致。抗抑郁药已成为最常用的处方药之一。

焦虑通常伴随着抑郁，它以许多不同的形式出现。其中，最严重的是那些患有严重焦虑和恐慌症的人。他们可能每周都会经历几次可怕的恐慌症发作，通常是由一些特定的

什么是药品？

恐惧引发的。例如，对开放空间的恐惧，或害怕进入超市和某种社交场合。有许多程度较轻的恐惧和焦虑情绪，通常与广泛性焦虑症和失眠症有关。最有效的抗焦虑药品（镇静剂）是以地西泮为代表的苯二氮䓬类药品。

对于焦虑的患者，苯二氮䓬类药品有显著的镇静作用，而且它们可以帮助患者恢复正常的睡眠模式。在20世纪六七十年代，地西泮是制药界最畅销的药品之一。随后出现了许多仿制药，它们都具有相同的药理机制，即增强脑部关键的抑制性化学信使GABA的作用。苯二氮䓬类药品也被广泛用于治疗失眠，为此人们还设计了作用非常短效的药品，这样就不会引起患者第二天早上醒来时出现镇静后的"宿醉"现象。然而，与大多数精神药品类似，重复使用苯二氮䓬类药品也有缺点。一些患者可能会对这些药品上瘾，很难停止服药。如果停止药物治疗，可能会导致患者一段时间内精神症状反弹，与之相关的是患者的焦虑和睡眠障碍更严重了。据估计，在英国数千名老年患者仍然依赖苯二氮䓬类处方药品，这是早期随意开具这些药品的后果。然而，总体来看，苯二氮䓬类药品是一种非常安全的药品，已使数百万名患者受益。

第三章 医用药品

人们都会偶尔感到焦虑或抑郁,所以对于饱受焦虑症或抑郁症折磨的患者有着同理心。然而,对于大多数人而言,精神分裂症的疯狂表现则难以理解。精神分裂症影响着约1%的人,它通常在青春期后的成年早期发病,且是一种终身性疾病。精神分裂症的症状多种多样、稀奇古怪,没有两名患者的病情是完全一样的。主要症状包括:幻听,通常会听到旁观者谈论患者的声音;非理性的幻觉;被迫害和偏执感;无法表达适当的情绪;不连贯的思维过程且语无伦次;退出社交和发呆;等等。这种疾病往往使患者无法进行正常的工作或其他日常活动。这些错觉妄想可能会导致患者对他人采取非理性或危险的暴力行为。

治疗这些关键症状药品的发现是精神分裂症治疗的一个重大进展。第一个突破来自偶然的发现。20世纪50年代早期,两名法国医生让·德莱(Jean Delay)和皮埃尔·德尼凯(Pierre Deniker)注意到一种新药氯丙嗪具有显著的镇静作用。氯丙嗪起初是一种在大手术前使用的试剂,用于帮助患者放松。他们在躁狂症患者身上尝试了这种药品,发现它非常有效,因此又在精神分裂症患者中进行了试验。氯丙嗪在镇静发狂的患者时也有显著的作用,但是并不会让他

什么是药品？

们入睡。它是一种镇静剂，但不是一种作用简单的镇静催眠药品。氯丙嗪作为一种新的治疗精神分裂症的药品，迅速在大西洋两岸得到广泛使用。许多其他有效的抗精神分裂症的药品紧随其后被发现，包括由天才药品开发者保罗·詹森（Paul Janssen）在比利时发现的强效药品氟哌啶醇。其中一些药品的效力是氯丙嗪的上千倍，因此单次剂量的药效就可以持续数周，通常的做法是将药品的油性液体注射到肌肉中。这种贮库型注射剂会留存在肌肉中，缓慢释放活性药品。目前已证实可以使用这种方法在门诊治疗精神分裂症，即每月给药一到两次。这种治疗方法的普及是维多利亚时代精神病院逐渐消失的原因之一。然而，贮库型注射是不可逆的，可能会给患者留下长期的不良反应。虽然抗精神分裂症药品可以控制疾病的症状，但它们不会改变疾病的自然病程。

"精神药理学"领域的成就之一是发现抗精神分裂症药品如何在大脑中发挥作用。这一领域的两名先驱者，瑞典的阿尔维德·卡尔松（Arvid Carlsson）和美国的保罗·格林加德（Paul Greengard）于2000年荣获了诺贝尔生理学或医学奖。他们证实了这类药品中所有有效成分的关键靶点均是多巴胺——一种单胺化学信使。这些用于治疗精神分裂症的药品被称为抗精神病药品，它们通过阻断脑部多巴胺受体的作用来发挥药效。

多巴胺还与另一种脑部失调疾病——帕金森病有关。帕金森病患者产生和释放多巴胺的神经细胞逐渐退化，因而无法正常运动，四肢僵硬且通常伴有震颤。在临床上通常使用药品左旋多巴治疗帕金森病。左旋多巴进入脑部，在那里被转化为多巴胺，以取代大脑缺失的化学物质。但过量服用左旋多巴会导致患者出现精神疾病症状，与之相对的是，抗精神分裂症药品的副作用之一就是会导致类似于帕金森病的症状。这个问题在新一代抗精神分裂症药品中已得到改善，这些药品在对抗疾病症状方面仍然与之前的药品一样有效，但不太容易导致类似帕金森病的副作用。这些新药被称为"非典型抗精神病药"，其原理是将多巴胺受体阻断与5-羟色胺受体阻断的药理作用相结合，通过双重阻断，药品就能避免产生类似帕金森病的副作用。精神分裂症是一种相当常见的疾病，药品虽然不能将其完全治愈，但也给全世界数百万名患者带来了巨大的帮助。

什么是药品？

关于药品如何作用于大脑，并在抑郁、焦虑或精神错乱等复杂情况下产生巨大的影响，人们需要学习、了解的还有许多。例如，在几乎所有的病例中，这些药品的有益作用只有在用药几周后才会出现。然而，实际的药理作用（阻断5-羟色胺摄取、多巴胺受体的拮抗作用等）是迅速发生的。似乎药品短期内造成的反应触发了一些长期的过程，导致精神失衡被逐渐纠正，但其中的机制尚不清楚。

20世纪后期的一个重大发展是治疗抑郁症、焦虑症和精神分裂症的新药的发现，但许多新药的价格都很昂贵。尽管随着专利权的到期，市场上已经出现了廉价的非专利仿制药，但这个领域已经几十年没出现过真正的新药了。令人惋惜的是，大多数制药公司不再把开发治疗精神疾病的药品放在优先位置。尽管人们对开发治疗患者数量日益增加的阿尔茨海默病和其他老年性精神障碍的新药抱有极大的兴趣，然而，截至目前，这方面的进展依然甚微（参见第六章）。

传染病和瘟疫治疗

纵览人类历史，传染病曾与人们纠缠不休。随着人口总量的不断增长，乡镇和城市的居住密度也越来越大，人类

第三章 医用药品

领地成为许多生物的沃土。经历了针对现代人类的特异性进化，细菌、真菌、病毒及寄生虫在人类社会乘虚而入，开始向人类传播疾病。例如，腺鼠疫就是由鼠蚤传染给人类的，带来了灾难性的后果。这些疫情在人类历史中多次出现，但人们并没有有效的医疗手段对抗传染病的有肆虐，尽管这些流行传染病已经被确证是致命的。例如，贯穿中世纪欧洲的腺鼠疫（"黑死病"）的传播，导致了许多国家多达半数的居民死亡。即使是在20世纪，1918年"西班牙流感"的大流行在6个月之内导致约3 000万人死亡，这个数字甚至超过了第一次世界大战的死亡人数。

德国化学家保罗·埃尔利希（Paul Ehrlich）研制出了第一种有效的抗菌剂。他通过实验研究各种化学物质对致病有机体的影响。1910年，他从实验室准备的一系列合成的化学物质中发现，第606号化合物能够有效抗菌。这种化合物含有砷，因此被命名为胂凡纳明。它是最早被发现的几种可以有效杀灭致病微生物的药品之一，由此开创了传染病治疗与防控的革命性时代。在此之前，传染病患者通常是无法得到救治的，直到胂凡纳明——商品名为"洒尔佛散"——开始在市场上销售。它对梅毒的病原体具有特别的杀灭效果。在青霉

什么是药品？

素被药用前，使用洒尔佛散或随后开发的类似的化学物质一直是梅毒的标准治疗方法，对于控制那些给社会与患者造成威胁的疾病起到了长远的作用。

当时，德国化学家已经学会了如何合成化学染料，使其既能牢固地与织物纤维相结合，又不会因为洗涤而从织物上被除去。保罗·埃尔利希曾说，他们运用与制作织物染料同样的方法制备药品，就像"魔法子弹"一样精准靶向疾病。1932年，德国细菌学家格哈德·多马克（Gerhard Domagk）发现，一种红色染料百浪多息能有效对抗人和小鼠的链球菌感染。随后，法国的科研工作者们证实了其中的活性抗菌成分是对氨基苯磺酰胺。1936年，英国医生莱昂纳德·科尔布鲁克（Leonard Colebrook）和他的同事发现了决定性的证据，证实百浪多息和对氨基苯磺酰胺对链球菌性败血症（一种血液感染疾病）的有效性，从而开创了磺胺类药品的时代。格哈德·多马克等人以令人吃惊的速度研制出多种新型磺胺类药品，其中有许多药品的药效更强、抗菌范围更广、毒性更低。格哈德·多马克因为这项工作荣获1939年的诺贝尔生理学或医学奖，但由于受到战争影响，直到1947年他才领取奖项。新出现的磺胺类药品中有一些经受住了时间的

第三章 医用药品

考验,然而其他一些药品,比如初代的对氨基苯磺酰胺和它的直接后续药品磺胺吡啶,都陆续被更为安全有效的后继药品取代,这些后继药品有许多至今仍在被使用。对氨基苯磺酰胺的发明无疑是人类在对抗传染病的战争中取得的第一个重大进展。

时间推进到几年后的抗生素时代,不得不提那个老生常谈的故事。在1928年的伦敦,亚历山大·弗莱明(Alexander Fleming)发现一种霉菌杀死了被他遗忘在实验室窗边的细菌培养皿中的实验细菌。又过了十年,牛津大学的霍华德·弗洛里(Howard Florey)、诺曼·希特利(Norman Heatley)和恩斯特·钱恩(Ernst Chain)确认了这种物质是青霉素,并在1941年首次将它用于患者。凭借着对青霉素的发现,三人共同获得了1945年的诺贝尔生理学或医学奖。第二次世界大战中,青霉素在治疗感染伤员方面发挥了巨大的作用。美国从饱经战乱之苦的英国手上接过了青霉素生产,默克与其他制药公司首次实现了大规模生产。青霉素之后又涌现出了其他强而有效的抗生素药品,它们彻底改变了人们与肺炎、肺结核、霍乱等致命性疾病战斗的能力。

什么是药品？

抗细菌和抗真菌药品

理想的传染病治疗药品是针对细菌或真菌特有的某些生物学特性的药品，这样既能杀死入侵的病原体，又能避免损伤人类宿主。最有效的抗微生物药品就能做到这两点。细菌是有生命的小微粒，它们被一层十分坚韧的细胞壁保护。如果没有细胞壁，细菌就会非常脆弱，也无法生存和繁殖。许多抗生素的原理就是破坏细菌合成、整合构建细胞壁的各种糖类与蛋白质。这样细菌便无法繁殖，人体免疫系统就可以清除残余的感染。这就是青霉素起效的原理，目前市售的几十种青霉素的合成类似物的原理也是如此。头孢菌素是另一类重要的抗生素，是一个有着超过25种抗生素的大家族。它们在化学方面不同于青霉素，但都能抑制细菌细胞壁的合成，万古霉素与杆菌肽也是如此。

其他类别的抗菌剂利用了细菌及其宿主之间的其他差异。比如，磺胺类药品能干扰细菌合成叶酸。叶酸是人体必需的维生素，作为催化剂参与活细胞中发生的所有化学反应。但是，虽然人们可以从饮食中摄取叶酸，但细菌必须自行合成它。只要干预这个过程，细菌就不能生长。磺胺类药

第三章　医用药品

品已经被发现很久了，它们已经有了长足的改进，现在这一品类仍有16种药品在市场上销售并被广泛使用。四环素类和其同类的氨基糖苷类抗生素可以干扰细菌另一个必需的生命活动，也就是蛋白质的合成。这类药品靶向了细菌的蛋白质合成机制，由于细菌的蛋白质合成机制与哺乳动物的不同，药品不会对细菌的宿主造成伤害。这类药品也包括链霉素，它是第一种能有效治疗结核病的抗生素。大环内酯类抗生素也利用了这种作用机理，红霉素便属于这类药品，它是治疗肺炎效果最好的药品之一。还有其他一些药品瞄准了细菌的核酸合成——另一项生命的基本特征。这类药品包括喹诺酮类药品和利福平。

和细菌一样，感染也可以由多种多样的真菌引起。感染主要发生在其表面与外界能产生接触的区域，比如皮肤、肺、咽喉、泌尿道等。抗真菌感染的药品和抗菌剂一样，以入侵真菌独一无二的生物特征为靶标。同细菌一样，真菌也能合成坚韧的细胞壁。许多抗真菌感染的药品正是以干扰细胞壁的合成或生理功能为靶标设计的。麦角固醇是类胆固醇分子，是真菌细胞壁独有的组成成分，因此成了抗真菌药品的主要靶标之一。两性霉素、制霉菌素和咪唑类药品（例

什么是药品？

如，克霉唑、益康唑、咪康唑、氟康唑和酮康唑）都是以这种方式起作用的。其他抗真菌药品则是以真菌独有的核酸或蛋白质合成方式为攻击靶标的。

抗病毒药品

服用抗生素并不能治愈普通感冒，也无法缓解流感的症状或影响艾滋病的进程。这些疾病及很多其他的传染病是由病毒而非细菌导致的。

病毒是最小、最简单的生命形式。病毒摒弃了许多其他生物赖以生存和繁殖的生化机制。它们不需要这些，是因为它们像寄生虫一样生活在宿主活细胞内部。大部分病毒只保留一段被包裹在蛋白质外衣里的核酸序列，这段序列承载着制造更多病毒粒子所需的编码信息。病毒粒子黏附在宿主细胞表面，然后进入细胞内部感染细胞。一旦进入了宿主细胞，它们就蜕去自己的蛋白质外衣，操纵宿主细胞的生物化学反应过程，将它改造成生产新病毒的工具，不断合成新病毒所需的核酸片段和蛋白质分子。这些核酸片段和蛋白质分子最终将被组装成数以百万计的新的病毒粒子。随后，宿主细胞被杀死，这些新的病毒粒子则被释放，开启新一轮的感

第三章 医用药品

染循环。

设计出有效的抗病毒药品非常困难,因为独属于病毒的特征并不多。它使用宿主正常的生化机制,因此攻击病毒很可能对宿主造成伤害。

第一批有效的抗病毒药品直到20世纪后期才被发现。其中一些以DNA聚合酶为靶标,这是一种DNA复制繁殖所必需的酶。如果缺少聚合酶,病毒便无法繁殖。但是,这种酶存在于所有宿主细胞中。这里的巧妙之处在于,药学家不是将药品直接设计成DNA聚合酶抑制剂,而是设计成仅在被病毒感染的宿主细胞中,选择性地转变成该酶的抑制剂,因为被感染的细胞中含有一种病毒酶,可以完成药品的上述转化。这种利用惰性的药品在人体内转化成所需的活性物质的概念,就是被称为"前药"的策略。基于这个概念,人们生产了抗病毒药品阿昔洛韦及后续合成的一些衍生物。这个理念的发现也为美国科学家格特鲁德·贝利·伊莱昂(Gertrude Belle Elion)与乔治·赫伯特·希钦斯(George Herbert Hitchings)赢得了1988年的诺贝尔生理学或医学奖。另一种重要的抗病毒药品是齐多夫定,它同样可以削弱病毒核酸的

083

什么是药品？

复制过程，通过欺骗病毒编码的蛋白酶将药品成分插入病毒自身的核酸中，这样病毒就不能再繁殖了。

人类免疫缺陷病毒（HIV）是引起艾滋病的病毒。这种病毒适应了在世界上数量最多的大型动物（智人）体内生存，它只选择性地攻击宿主免疫系统的一类细胞——T细胞。T细胞常常工作在人体与感染斗争的最前线。此外，HIV主要通过性接触传播，而性行为刚好是最普遍的人类行为之一。HIV会逐渐破坏免疫系统，发动进一步攻击，而机体会死于病毒和其他多种感染，包括可能诱发癌症的病毒感染。治疗HIV感染的初步成功来自抑制病毒核酸复制的抗病毒药品，但是较为成功的药品近几年才出现，它们有一套不同的作用机制：它们瞄准了一种HIV独有的酶。在HIV复制时，病毒核酸的编码信息会以一串长蛋白的形式被读出，这个长蛋白会被切割成几个不同的蛋白质功能单元。这项切割工作由被称为HIV蛋白酶的特殊病毒酶完成。直到现在，一系列蛋白酶抑制剂依然是抗击艾滋病最为有效的药品。然而，无论是艾滋病还是其他病毒性疾病的治疗都存在一个问题，那就是病毒可能会突变成具有耐药性的新变种。这是一场与高速进化的病毒的赛跑。在人类长期的HIV感染过程中，每天都有超过十亿的病毒被生产出来，其中大部分的普通病毒会被人体免疫系统杀死。然而，少数病毒发生随机变异的概率也非常高。如果这些变异的病毒中有一部分具有生存优势，比如对正在使用的抗病毒药品具有耐药性，它们就可以生存下来并且繁殖。为了与病毒耐药性做斗争，现在通常会使用药品鸡尾酒疗法，也就是把一种蛋白酶抑制剂与一种或多种其他的早期艾滋病治疗药品混用，使病毒更难出现耐药性。这个策略已经被证明获得了惊人的成功！

在相对富裕的国家，艾滋病已经不再是前十位致死原因之一了。可是迄今为止，那些生活在世界上相对贫穷地区的人们仍然无力负担西方国家使用的昂贵药品（10 000～15 000美元/年）。这一现象在21世纪被彻底改变。第一，西方制药公司的艾滋病治疗药品价格戏剧性地下跌了；第二，廉价的"通用"仿制药上市了。截止到2015年，艾滋病治疗药品已经惠及几乎所有需要它的患者，战胜艾滋病的目标如今变得实际了。

抗寄生虫药品

就像细菌、真菌和病毒一样，从单细胞有机体（原生动物）到更大的寄生生物（比如扁虫、蛔虫、钩虫、绦虫

什么是药品？

等），各种各样的寄生动物早已发现智人是一个具有吸引力的宿主。寄生虫感染最常见于热带与亚热带地区，它们可以在这些地区造成毁灭性的后果。例如，一种原生动物锥虫可以在西非感染牛，导致当地大面积的土地不适合发展牧牛业。对于人类，其他种类的锥虫会侵入大脑并带来损伤，引发"昏睡病"。在非洲的一些热带国家，弓蛔虫属或盘尾丝虫属的寄生虫会感染眼部，导致"河盲症"（盘尾丝虫病）。强效的新药阿维菌素，最初是用于治疗马和农场动物寄生虫感染的药品，它也可以防治"河盲症"。在非洲，阿维菌素已经由世界卫生组织（WHO）提供，作为20个非洲国家抗击这一疾病的主力军。只需每六个月服下一片药，就可以保护儿童和成人免受被这种寄生虫感染的侵害。然而总体来说，治疗寄生虫感染可用的药品"武器库"还不够充盈。

有很多寄生虫病主要侵袭世界上的贫困地区，制药公司缺乏投入大笔资金进行热带疾病相关研究的经济动力。影响最大却同样被忽视的是疟疾，它是所有寄生虫病中最普遍也最致命的一种。疟疾由一类被称为疟原虫属的原生动物引起，通过疟蚊的叮咬在人与人之间传播。疟原虫最初在肝脏生活，随后进入血液侵入红细胞，最后在红细胞中被释放，

第三章 医用药品

带来突然发作的发热和残疾。每年多达2亿名患者感染疟疾，其中大约50万名患者会因此丧命。每年有超过10 000例病例发生在前往疟疾感染地区的西方旅行者中。幸运的是，一些药品能有效治疗疟疾。这些药品中最古老的是奎宁，它在17世纪首次在金鸡纳树皮中被发现，随后在19世纪于巴黎被分离纯化。奎宁及其衍生物氯喹、甲氟喹通过一种复杂的机理——参与血红蛋白的化学反应——杀死红细胞中的疟原虫。青蒿素是一种传统中药成分，现在也被广泛应用于治疗疟疾。2015年，中国当代药学家屠呦呦因"有关疟疾新疗法的发现"获得诺贝尔生理学或医学奖，她最大的贡献是发现新型抗疟药——青蒿素和双氢青蒿素。其他一些药品也能起到治疗效果，比如用乙胺嘧啶和氯胍抑制疟原虫的叶酸合成。这个作用机理与抗菌剂中的磺胺类药品相似。而伯氨喹在疟原虫于肝脏生长的早期阶段就发动攻击。但不幸的是，疟原虫对药品的耐药性已经成为抗击疟疾过程中一个日益严重的问题。在一些地区，疟原虫进化出了十分强大的耐药性，以至于几乎没有可供使用的有效药品。人们迫切需要发现新的药品治疗疟疾这种致命性疾病。

什么是药品？

> **抗生素耐药性**
>
> 对许多国家和行业而言，多种致病性微生物的抗生素耐药性逐渐成为公众健康的一大威胁，需要受到广泛关注。各国政府部门需要严肃对待这个可能危及现代医学成就的问题。在后抗生素时代，普通的感染和微小的伤口都有可能致命。这绝不是世界末日的幻想，而是在21世纪很有可能发生的一幕。
>
> ——福田敬二

如今，药物治疗面临的最大问题之一，恰恰就是在过去几个世纪里取得巨大成功的抗生素和其他抗感染药品的广泛使用。它已经不可避免地导致了细菌、病毒和寄生虫向具有耐药性的方向进化。类似的进化出现得如此迅速，令人震惊。然而，细菌与病毒等传染性微生物在人体内生长、繁殖得非常迅速，细菌的数量在几分钟内就可以翻倍。在一个可能持续数周或数月的感染过程中，会产生几千代细菌，其中大部分会被抗生素或免疫系统杀死。但是，一小部分突变的、具有耐药性的细胞拥有巨大的生存优势，可以生存下来

第三章 医用药品

并繁荣壮大。对医生来说，给病情尚处于轻微阶段的感染和发烧的患者开具抗生素是如此具有诱惑力，以至于让他们开出了大量不必要的抗生素处方。即使有更保守的治疗方法，抗生素处方还是被一次又一次地开具给患者。医院已被证实是抗生素耐药性菌株进化与繁殖的温床，比如具有甲氧西林耐药性的金黄色葡萄球菌（图8）。这种细菌可以在伤口或肺部造成严重的感染，引发肺炎。在现代医院，对多种抗生素具有耐药性的金黄色葡萄球菌菌株是很常见的。

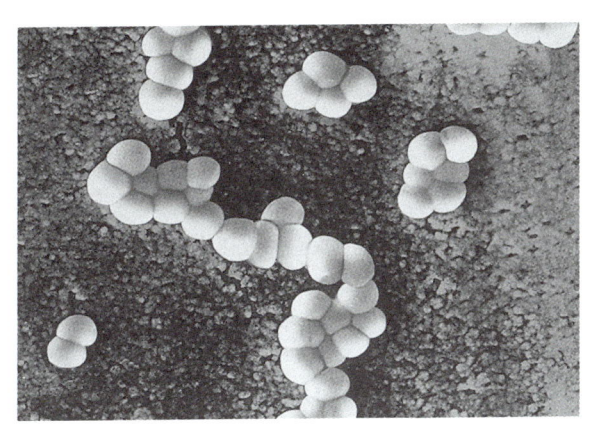

图8 放大的金黄色葡萄球菌个体细胞

让事情变得更糟的是，在现代牧场模式下，动物被高密度地养殖在有限的空间中。在这种条件下，感染几乎无法避免，因此牧场主不得不给动物广泛使用抗生素。许多案例证

089

什么是药品？

实，对农场动物无差别使用抗生素，可以保护动物免受感染并提高它们的生长率。

为了对抗抗生素，微生物进化出了非凡的分子装置。伴随着青霉素的推广使用，一些细菌变异株开始制造一种新酶：青霉素酶，这种酶能使青霉素降解失活。更令人惊叹的是多药耐药性基因，它能编码出一种可以主动把多种不同抗生素从细菌细胞内排出的分子泵，从而使细菌对整组抗生素产生耐药性。细菌也已经被证实比人们先前设想的更加"老道"，甚至能将这些耐药性基因从一种细菌传播到另一种当中。迄今为止，细菌取得的成功令人不寒而栗，这些基因的进化与传播让一些传染病的治疗难度与日俱增，给了人类巨大的压力。住院的患者越来越容易在医院被具有抗生素耐药性的细菌感染。

随着生物向耐药性不断进化，先前用来治疗真菌、病毒和寄生虫疾病的药品变得无效，人类即将进入后抗生素时代。疟疾作为第三世界一种主要的致死性疾病，上述情况对于其治疗效果的影响尤为严重。

令人遗憾的是，从1987年至今，制药公司仅研发出少数全新的抗生素。其中部分原因是寻找新抗生素机理的工作变得越发困难，还有一部分原因是药企在慢性病治疗上看到了更好的商机。在后抗生素时代，受伤或手术后的感染都可能是致命的，这种令人担忧的未来促使世界卫生组织启动了一个国际项目来解决这个难题，但由哪一方承担研发有效新药的高昂费用尚不明确。

直到20世纪后期，人类还只有很少的方法能治疗传染病或寄生虫病。但是在20世纪末，人类已经有了几百种可用的药品。比起其他任何一类药品，抗菌剂为那些足够幸运的、生活在发达地区人们的健康带来了巨大的帮助。它们很大程度上消除了人们自古以来对感染性疾病的恐惧。

避孕药

避孕药被公认为是过去100年里最重要的医学进步之一，它如今是如此常见，以至于人们快忘记了早期那些激烈的争论。现在已有超过50种避孕药产品。多数避孕药中都含有与孕酮类似的人工合成孕激素，用于抑制促进排卵的促卵泡激素和促黄体激素分泌。同时也含有低剂量的合成雌激素类似物，用于抑制经期出血。避孕药的发展得益于美国20世纪的

什么是药品？

三名关键人物。

第一名关键人物是玛格丽特·桑格（Margaret Sanger），她是一名天主教徒，其母亲在50岁过世之前经历了18次怀孕。除此之外，她作为产科护士为贫穷妇女进行过多次危险而具有伤害性的流产。这两种经历强化了她"避孕对妇女的生命安全十分重要"的观点。然而，在20世纪中期，控制生育是一个禁忌话题。这使她陷入了与天主教会和"猥亵罪"罪名的纠葛中。她不顾这些阻力，创立了首批节育诊所，还建立了计划生育联合会。

第二名关键人物是格雷戈里·平卡斯。玛格丽特·桑格说服他开展避孕药的研发，并用她收到的慈善捐款进行资助。格雷戈里·平卡斯面临的是一项艰难的任务。他身边充斥着对他的工作持有反对意见的天主教会（无论是当时还是现在，都同样毫不妥协地反对避孕）和政界权威人士，就连法律也不站在他这一边。在他工作的美国马萨诸塞州，任何被发现提供避孕服务的人都将面临牢狱之灾，这项法规直到1972年才被废止。因为研究的争议性，他也很难争取到科研经费。直到1951年，玛格丽特·桑格的朋友、富有的继承人

第三章 医用药品

凯瑟琳·麦考米克(Katherine McCormick)为他提供了关键性的财务支持。

那时,墨西哥化学家卡尔·杰拉西(Karl Djurassi)已经从墨西哥薯蓣中合成了孕酮类似物,并创立了Syntex公司。西尔列制药公司虽然并不情愿做有争议的临床研究,但仍然进行了关于合成孕激素的化学研究。格雷戈里·平卡斯与哈佛大学教授约翰·洛克(John Rock)和生殖生理学家张民觉合作,在动物实验中测试了各种孕激素的作用。临床研究最初是为了治疗不孕而非避孕,但仍为后者提供了关键性数据。在这项研究中诞生了炔雌醇甲醚片,它将异炔诺酮(一种合成孕激素)与低剂量的炔雌醇甲醚(一种合成雌激素)混合在一起进行组合治疗。格雷戈里·平卡斯在波多黎各使用炔雌醇甲醚片开展大规模临床试验,因为这里没有出台禁止计划生育的法律。试验始于1956年,由艾迪瑞斯·赖斯−雷博士(Dr. Edris Rise-Wray)监督。一些受试妇女在使用该药时产生了不良反应,于是艾迪瑞斯·赖斯−雷写信给格雷戈里·平卡斯,称炔雌醇甲醚片"给予了妇女避孕的保护",但也带来了"太多无法接受的副作用"。格雷戈里·平卡斯和他的同事约翰·洛克并不同意这一观点。他们

093

什么是药品？

在美国马萨诸塞州的试验结果表明安慰剂也可以产生相似的副作用。1960年5月，美国食品药品监督管理局批准了第一种避孕药炔雌醇甲醚片的上市，由西尔列制药公司开展市场销售。

这是一个重大事件！它预示着20世纪60年代的妇女运动即将到来。仅仅在美国食品药品监督管理局批准这款避孕药后的几年之内，全世界数以百万计的女性都服用了这款药片，可供选择的避孕药产品也在快速增多。

自从避孕药诞生，对其副作用的讨论就始终存在。1969年，第三名关键人物芭芭拉·西曼（Barbara Seaman）发布了题为"医生对避孕药的指控"的文章，报道了避孕药的严重不良反应，包括诱发凝血、心脏病、中风、抑郁症、增重等。关于这些指控——尤其是诱发血栓这点——的争论持续了很多年。到了1979年，避孕药在美国的销量下降了24%。2009年8—10月发表在《英国医学杂志》上的一系列临床研究结束了这个争议。该研究采样了数千名服用避孕药多年的女性的数据，其结论是有一小部分使用者确实存在小幅增高的凝血风险。在未服用避孕药的女性中，血栓的发病率约为十万分之五,这个数字在服药女性中提升了3～5倍。在众多避孕药中,使用口服避孕药左炔诺孕酮引发的血栓发病率最低。但对女性来说,不到千分之一严重不良反应的风险远远小于意外怀孕的风险。

对于未来(但不是现在)还想要怀孕的女性来说,可以使用长效可逆避孕药。它可以提供有效的生育控制,但仍然需要坚持每天服药。现在还有其他产品可供选择,包括具有避孕作用的植入物,或贮库型注射的长效醋酸甲羟孕酮。

总之,避孕药的效果显然十分卓越,有效率如此之高的药品并不多见。控制怀孕这样的基本自然过程引发的众多关注和争论相比之下也不足为奇。但是,发达国家的大多数女性和发展中国家越来越多的女性得以有效避孕这一伟大进步,必须归功于使这一切变成可能的先行者们。

第四章
娱乐性药品

04

什么是药品？

无论在何种经济水平的国家，都有少数人试图"改变"自己的精神状态。他们使用刺激性药品使自己保持清醒，用镇静剂和镇痛药平息心中的焦虑，用麻醉剂体验新的迷幻感觉，从而忘记日常生活中的烦恼。这些行为在很多情况下都是违法的。

娱乐性药品的症结在于被滥用。使用娱乐性药品的潜在危害之一，就是使用者易于成瘾。成瘾的症状一般包括：（1）耐药，使用者需要越来越大剂量的药品才能达到所追求的效果；（2）生理依赖，药品断供后，使用者身体会出现戒断症状，如恶心、呕吐、癫痫和头痛。但是，这两种症状都不是诊断为成瘾的必要条件。在某些情况下，成瘾可以用"精神依赖"一词定义。

用药成瘾的人即便冒着失去工作、健康和家庭的风险，

第四章 娱乐性药品

也要继续服用过量的药品。大多数使用娱乐性药品的人都会对其产生依赖，而某些具有"成瘾性人格"的人可能比其他人更容易受到影响。娱乐性药品有着不同的致瘾倾向，从致瘾风险较高的可卡因、海洛因和尼古丁，到有一定致瘾性的酒精、大麻和苯丙胺。致瘾因素不仅取决于药品成分，而且还受长期重复使用的影响。因此，科学家认为此过程涉及大脑基因模式的变化，成瘾时某些基因开始表达或停止表达，但其中关键的变化尚不明晰。

动物也会对娱乐性药品产生依赖。对动物大脑的研究表明，不同的药物可能会触发一些共同的机制。尽管海洛因、苯丙胺、尼古丁、可卡因和大麻在大脑中的主要作用部位不同，但这些药品都有一种能力，那就是促进大脑某些区域释放化学信使多巴胺。虽然这并不一定类似于触发"快感"的机制，但人们认为药品诱发的多巴胺释放可能是促使动物或人持续用药的重要信号。

酒精

酒精是娱乐性药品中最古老的一种，在西方国家被广泛饮用。葡萄酒、啤酒和蒸馏酒等酒精饮料构成了一个庞大的

什么是药品？

产业。在大多数西方国家，超过80%的成年人曾饮过酒，约50%的成年人经常饮酒。酒精饮料的消费额持续增长。在许多国家，超市全天都在售卖酒精饮料；酒业公司也会斥巨资投放广告宣传各类酒精饮料产品。酒精根植在许多国家的文化中：传统的英国酒吧或德国啤酒花园氛围独特，法国和意大利有随餐饮用葡萄酒的习俗，斯堪的纳维亚冷餐配有冰镇白兰地，西式婚宴上通常都会准备香槟。

酒精究竟是如何作用于大脑，使大脑先产生兴奋和陶醉状态，而后又产生镇静作用的，目前还不十分清楚。科学家认为，酒精针对脑神经回路中的两个主要化学信使系统产生作用：酒精强化了主GABA（γ-氨基丁酸）的作用，同时部分阻断了L-谷氨酸的作用。但是，还有更重要的原因：酒精的麻醉作用似乎部分是由于它能够刺激大脑中的阿片机制——海洛因也能更直接、更强烈地刺激这一机制。药品纳曲酮是脑部阿片受体的拮抗剂，曾成功帮助海洛因成瘾者戒毒，并被证明对治疗酗酒同样有效。这种药品能消除海洛因和酒精所带来的愉悦感，使成瘾者更容易戒断。

多数饮酒者能够在不做出伤害自己或他人行为的情况下

尽情饮酒，但饮酒仍有相当大的负面影响。酒精中毒的急性阶段会产生对中枢神经系统的抑制作用，引发鲁莽的性行为和暴力行为。此外，酒精会降低大脑精确控制行为的能力，如驾驶机动车辆的能力，因此酒驾十分危险。与酒精有关的交通事故致死率非常高，甚至超过50%。大部分的暴力犯罪，特别是许多家庭暴力案件也与饮酒有关。

> **不同血液酒精水平的影响**
>
> 0.1%——头晕而愉快
>
> 0.2%——醉酒并混乱
>
> 0.3%——烂醉如泥
>
> 0.4%——有死亡危险
>
> ——特雷弗·斯通（Trevor Stone）、盖尔·达林顿（Gail Darlington），《药片、药水与毒药》

5%～10%的饮酒者会对酒精上瘾。酒会占据他们的生活，因酗酒失去工作和家庭的情况时而发生。酗酒者的肝脏和其他器官可能会遭受损伤，如患上肝硬化等疾病。在极端情况下，可能出现酒精引起的脑损伤和过早痴呆。据不完全

什么是药品？

统计，美国每年约有15万人的死亡与酒精有关。

孕期饮酒具有极高的风险。每年约有千分之一的美国新生儿患有胎儿酒精综合征。这是一种使大脑发育永久受损的病症，它会导致永久性的智力发育迟缓。在美国，胎儿酒精综合征是导致儿童智力低下的最主要的单一原因。

尼古丁

尼古丁是存在于烟草产品（包括电子香烟）中的致瘾成分，能够给使用者带来欣快的感觉。该成分在大脑中作用于化学信使乙酰胆碱的受体。在大脑中释放乙酰胆碱的神经束，其功能之一是充当大脑半球的警报或唤醒系统，能促进大脑的思考功能。所以很多吸烟者认为吸烟有助于更清醒地思考，并且有轻微的抗焦虑功能。

尼古丁无法较好地通过吞咽吸收，但口腔的弱碱性环境使它可以通过咀嚼吸收。不过，吸食依然是最高效的递送途径。燃烧的烟草将尼古丁转化为蒸气，这些蒸气会凝结成微小的液滴，随烟雾一同被吸入，通过大面积的肺泡表面被血液迅速吸收。在点燃香烟后的几秒钟内，吸入的烟雾就能将

第四章 娱乐性药品

尼古丁递送到大脑。"老烟枪"会改变吸入频率和深度控制摄入的尼古丁剂量。由于烟草烟雾中含有许多有毒的化学物质,所以吸烟还会带来其他危害。除了烟草中本就存在的化学物质外,燃烧过程中还会产生新的剧毒、致癌化学物质。此外,烟草烟雾中含有相当数量的一氧化碳气体,它是不完全燃烧的副产物。该气体会使血红蛋白中毒,削弱其携带氧气的能力。因此,学者们认为这是孕期吸烟的母亲产下低体重婴儿的主要原因之一,因为胎儿在母亲体内常处于缺氧状态。

烟草烟雾还会对肺部造成更严重的损伤。短期吸烟会增加支气管炎和其他形式的阻塞性肺病的发病风险,长期吸烟则会增加心血管疾病和肺癌的发病风险。20世纪医学研究的重要成就之一就是发现吸烟与肺癌之间的联系。来自英国和美国的初始报告于1950年问世,后续还进行了许多其他研究。研究结果令人担忧:对于吸烟者来说,不仅肺癌的致死风险增加了,而且其他23种疾病的致死风险也增加了,包括发生在口腔、咽喉、胰腺、膀胱部位的癌症,以及哮喘和肺气肿等阻塞性肺病。千万不要小瞧吸烟这一行为,这是现代社会可规避的主要致死因素之一。吸烟致死人数远多于其他

什么是药品？

任何单一死因。全球每年约有800万人死于吸烟。在发展中国家，香烟在20世纪后期才开始普及，但据调查，这些国家与烟草相关的死亡率统计数据正快速增长。20世纪初，吸烟首先流行于发达国家的男性群体，当时广告还宣传吸烟有益健康。直到三四十年后，吸烟和肺癌之间的联系才被首次证实。因果关系如此长的滞后期令人十分费解。吸烟和肺癌之间的关系非常复杂，英国一项针对5万多名吸烟者的纵向研究充分证明了这一点。肺癌患病风险的提高幅度主要取决于吸烟这一习惯的持续时间，而不是每天的吸烟量。虽然每天吸三倍量的香烟确实会使肺癌患病风险提高约三倍，但30年烟龄相比于15年烟龄而言，其肺癌患病风险并不是简单地翻倍。肺癌致死率与戒烟年龄关系如图9所示。

在有充分证据证实了吸烟有害健康后，人们对吸烟的态度发生了巨大改变。欧洲和美国的新法律规定在所有公共场所——包括酒吧和餐馆——都禁止吸烟。或许很难想象禁烟的爱尔兰酒吧会是什么样子，但这已经发生了。吸烟率急剧下降，戒烟的人数也有所增加。

第四章 娱乐性药品

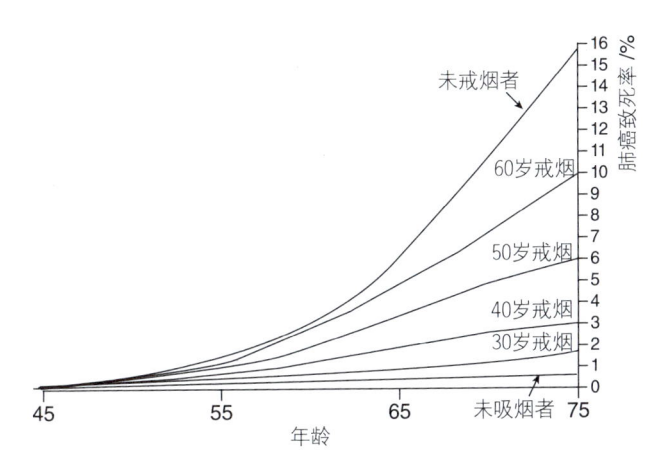

图 9 肺癌致死率与戒烟年龄关系

试图戒烟的人会出现明显的戒断综合征，包括忧虑、紧张、暴戾和对尼古丁的强烈渴求。较为有效的戒烟方法是使用治疗用含尼古丁的口香糖、皮肤贴或鼻腔喷雾剂，适当满足吸烟者对尼古丁的需求。在斯堪的纳维亚半岛，有一种被称为"snus"的口含烟很受欢迎，但也有人声称这种口含烟会增加口腔癌的患病风险。近年来新兴的含尼古丁但不含烟草的电子烟也开始流行。现在评判口含烟或电子烟是否是一种安全的戒烟方式还为时过早。即便有了这些辅助手段，还是会有约80%的戒烟者仍会在六个月内放弃戒烟。如果没有尼古丁辅助治疗，这一数字将超过90%。有观点认为，吸烟

什么是药品？

者平均每天吸15～20支香烟是为了避免出现耐受和戒断反应。显然，尼古丁是一种具有成瘾性的药品。

咖啡因

咖啡因存在于茶、咖啡、可乐和某些其他软饮中，是温和的兴奋剂，在世界各地被广泛而频繁地消费。咖啡作为仅次于石油的国际贸易商品，参与其生产和销售的人数超过1 000万人。在世界范围内，咖啡因的平均消费量约为每人每天70毫克，相当于地球上每个人每天都喝一杯咖啡。平均一杯茶中含有约35毫克咖啡因，一瓶可乐则含约50毫克咖啡因。还有许多非处方药或功能性饮料也含有大量的咖啡因，可用于缓解疲劳，保持头脑清醒。有一些证据表明，酗酒者可能会滥用这些富含咖啡因的饮料抵消酒精的影响，学生群体则可能使用它们提高复习效率甚至是考试成绩。

许多人体研究证实了咖啡因确实有助于使用者集中注意力，降低疲劳程度。使用者在完成一些需要持续集中注意力的简单任务时表现得更好，疲劳状态下的改善效果最为显著。人们似乎都懂得如何控制咖啡因的摄入量以达到最佳效果。例如，在需要集中精力时大剂量摄入，在入睡前则避免摄入防止出现睡眠障碍，但仍有一些人可能会受咖啡因影响而失眠。

咖啡因是脑部化学信使腺苷的受体拮抗剂。被激活的腺苷受体会帮助人体调节其他化学信使的释放。一种对咖啡因兴奋剂作用的解释是，其通过阻断腺苷正常的制动作用，促进了化学物质乙酰胆碱和多巴胺的过量释放，而这两种物质对脑部功能都有刺激、促进兴奋的作用。

尽管咖啡因对人体有着明显的正面效果，但有证据表明长期摄入咖啡因也可导致轻微的上瘾。人们习惯性摄入咖啡因后，停止摄入会出现愈发疲劳、头痛欲裂、难以进行一些简单的脑力工作等现象。一种学院派观点甚至认为人们持续喝咖啡、茶或其他含咖啡因饮料不是为了集中精力，而是为了避免自己经历难受的咖啡因戒断反应，这与"老烟枪"持续吸烟是一个道理。鉴于其广泛且相对不受控制的使用现状，出人意料的是学界并没有很多研究对其进行深入调查：咖啡因成瘾为何如此常见，这背后又是否隐藏着严重的公共卫生问题？

什么是药品?

大麻

大麻是所有非法的娱乐性药品中使用最为广泛的一种。尽管大麻在亚洲和中东作为一种治疗药品已经使用了数千年,但是直到20世纪六七十年代,出于娱乐目的而吸食大麻才在西方世界流传开来。在大多数西方国家,15~50岁的人中有多达三分之一的人承认自己至少吸食过一次大麻,还有10%~15%的人经常吸食。但"经常吸食"的定义涵盖的范围很广,从每天都使用到每月或几个月使用一次都算在其中。

"Cannabis"和"Marijuana"这两个词分别用来描述大麻类植物的花头和干叶。20世纪70年代,拉斐尔·梅乔拉姆(Raphael Mechoulam)和他的同事在耶路撒冷的希伯来大学的研究表明,大麻类植物中含有的精神活性成分是一种复杂的化学物质——Δ9-四氢大麻酚(THC)。这一物质大约占大麻干重的3%~4%。在室内集约化栽培条件下生长的现代大麻植株内的含量可能高达10%~15%。这种俗称"臭鼬"的强力大麻,占据了英国街头销售的大部分市场,它们

第四章 娱乐性药品

产自当地非法的大麻农场。最常见的吸食方式是将大麻卷成烟卷或放入各式烟斗点燃后吸入。正如吸食烟草能够快速摄入尼古丁,吸食大麻也能将THC迅速传递到使用者的大脑。通过调整吸食频率,使用者能够控制THC的摄入量。THC也可通过口腔吸收,但这并不是一种可靠的途径。口腔吸收过程较为缓慢,需要3~4小时才能达到血药含量峰值,摄入量也无法被准确控制,容易吸食过量。

大麻的急性中毒症状与酒精的中毒症状类似:使用者感到焦虑得到缓解,时不时会不受控制地大笑或傻笑。大麻还具有其独特效果,能让人对时间的感知出现扭曲,一分钟似乎变得很漫长。高剂量摄入大麻会引起幻觉和奇异的幻想,令使用者无法再进行连贯的对话;还经常会突然激起食欲,特别是对甜食的渴望。经历这些症状后,使用者可能会十分疲劳并快速入睡。

研究人员发现大脑中有一种特定的受体蛋白可以特异性识别THC,这是了解大麻作用原理的重大进展。但是,为什么大脑中的神经细胞能够识别仅仅在大麻植物中存在的THC?答案是大脑中本就含有并会释放类似THC的化学信

什么是药品?

使,这些信使能激活识别THC的受体。人体内自然产生的类THC化合物是脂类分子,其中首个被发现的大麻类化合物被称为大麻素。随后,人们又发现了其他几种内源性大麻素。这些发现对研究人员看待THC和其他大麻素药品的方式产生了重大影响。这一领域研究的初始目的是探究来自植物的精神活性药品是如何作用于大脑的。但深入的研究发现了一种迄今尚未被确认的大脑中自然形成的化学通信系统。这种涉及大麻素的化学通信系统的正常生理功能尚不明确,但有强有力的线索表明,它在调节人体疼痛敏感性方面发挥着重要作用。

　　了解大麻素对疼痛机制的影响或许是开发其医学用途的基础。一种经医学认可的大麻提取物已被用于临床对照试验,证实了其在治疗多发性硬化症引发的疼痛和痉挛方面的价值。在美国和欧洲,成千上万的患者喜欢使用大麻草药。许多欧洲的患者宁可被逮捕,甚至冒着接受更严厉惩罚的风险也要违法使用大麻。美国已有多个州将"大麻药店"合法化,这种药店可以根据医生的处方向患者发放大麻,在加拿大境内也是如此。使用者反馈大麻可产生有益作用的疾病包括艾滋病、多发性硬化症、痉挛和各种慢性疼痛。使用大麻的艾滋病患者称，大麻能刺激食欲，有助于减缓或阻止体重减轻，其药用THC的临床试验数据支持了这一结论。

自20世纪30年代以来，官方对大麻的态度发生了相当大的转变。当时美国几个主要城市的报纸都报道了关于大麻成为新型"杀手药品"的惊悚故事。出于对大麻危险性的担忧，美国国会在1937年通过了《大麻税法》，该法案有效禁止了大麻的进一步医用，并将其列为危险麻醉品。后来，大麻在国际药物管制公约中被列为第一类毒品，即没有医疗用途的危险麻醉品，这再次印证了官方对大麻的否定态度。尽管有大量文献研究大麻的危险性问题，但这些文献大多缺乏科学研究所必需的客观性。然而，人们还是可以从这场争论中总结出一些经验。

很明显，在急性大麻中毒状态下，使用者不能从事任何有脑力要求的工作。他们不应该开车、驾驶飞行器或操作复杂的机器。然而，与酒精不同的是，几乎没有过量吸食大麻致死的案例，也没有证据表明吸食大麻会引发攻击或犯罪行为。然而，如果服用剂量过大，大麻也会诱发精神错乱，通常表现为妄想症。

什么是药品？

长期规律性吸食大麻者在高端脑功能上往往会表现出微小的缺陷，科学术语称之为大脑执行功能障碍，也就是记忆近期事件的能力下降，以及在规划未来行动时整理和使用这些信息的能力下降。这些功能涉及大脑额叶区域，这个区域富含大麻素受体。有人担心，停用大麻后，这些认知缺陷可能不会消失，也就是说大麻可能会对大脑造成永久性损伤。

吸食大麻给人体健康带来的长期危害还有一部分来源于大麻烟雾中的有害物质。对比大麻和烟草烟雾会发现，它们都含有类似的有毒化学混合物。此外，吸食大麻者肺中沉积的焦油量是吸烟者的4～5倍。和吸烟者一样，吸食大麻者也容易患刺激性咳嗽或支气管炎。截至目前，还没有证据表明大麻的吸食量或吸食时间与肺癌风险正相关，但呼吸道癌症可能需要很长时间才能暴露出来。

大麻是一种强效精神药品。经常吸食大麻者会对它产生依赖。它可能会影响大麻吸食者的生活，使其不能在工作或社会生活中充分发挥应有的社会作用。

在欧洲，关于青少年吸食大麻是否会导致其日后患上精神疾病（包括精神分裂症）的争论十分激烈。虽然前期使用

第四章 娱乐性药品

大麻和后期精神分裂症的发展的确存在着联系，但这并不足以证明二者之间存在因果关系。

一些国家的政府认为大麻引发的危害似乎相对容易控制，因而将其合法化，并像酒精和尼古丁一样加以管控。大麻在荷兰合法化了近五十年。截至2024年5月，美国已有38个州（37个州和华盛顿特区）将医用大麻合法化。在西班牙、葡萄牙、意大利和捷克，大麻的使用也已经被"非罪化"。尽管现在评估美国某些州大麻合法化的后果还为时过早，但是其后续结果将受到密切关注。

苯丙胺、LSD 和摇头丸

苯丙胺是最早的人造娱乐性毒品之一。它于1887年被首次合成，但直到20世纪20年代才在人体中进行试验。它最初作为鼻腔减充血剂销售，也用于治疗哮喘和用作肥胖症的食欲抑制剂。然而，它也是一种强效兴奋剂，失眠的副作用限制了其医学用途。恰恰由于苯丙胺的这种特性，军方在第二次世界大战期间率先将这种药品用于非医疗领域，帮助飞行员和其他军事人员在执行长期任务期间保持清醒和警惕。战争结束时，驻日美军倾销了大量剩余的苯丙胺和更强效的衍

什么是药品？

生物甲基苯丙胺，导致了第一次大规模的药品滥用。20世纪50年代初，日本有多达100万苯丙胺使用者，其不良后果很快显现出来。许多重度使用者会患上"疯狂症"，即苯丙胺精神病，它与精神分裂症的急性发作非常相似。使用者停止使用苯丙胺后，这种由毒品引起的疯狂症通常是可逆的。

这在科学层面上是一个非常重要的发现。因为苯丙胺在大脑中的作用方式是选择性地针对那些使用信使分子多巴胺的神经细胞，并促进大脑中多巴胺的异常高释放。正如人们所知，帕金森病患者服用过量的左旋多巴也会出现精神错乱的副作用，这也是多巴胺过量所致。苯丙胺成瘾者中的苯丙胺精神病病例说明多巴胺是人们理解精神分裂症的关键，并且所有有效的抗精神分裂症的药品都起着多巴胺受体阻滞剂的作用。

苯丙胺、甲基苯丙胺和其他苯丙胺类兴奋剂的娱乐使用非常普遍，全球有多达3 000万经常使用者，使用广泛程度仅次于大麻。还有一种变体是使用甲基苯丙胺游离碱，俗称冰毒，是一种可以吸食的毒品。与许多其他精神活性药品一样，吸食几乎可以立即把毒性成分递送到大脑。甲基苯丙胺

第四章　娱乐性药品

使用者通常也使用注射的方式摄入毒品,但这种方法可能导致强烈的妄想症。

矛盾的是,苯丙胺和类苯丙胺药品哌甲酯(利他林)在治疗儿童注意力缺陷多动障碍(ADHD)方面有着明显疗效。存在这种障碍的儿童过度活跃,不能专注于任何事情。因此,他们学习困难,通常成绩不佳。苯丙胺和哌甲酯能提高儿童的注意力和学习能力。毫无疑问,这些药品对于受到相关疾病困扰的儿童是有益的,但关于这些药品是否被过度使用方面存在激烈的争论。据不完全统计,多达十分之一的美国儿童患有不同程度的ADHD。还有一个棘手的问题是,当儿童成年后,是否及何时可以停止使用这些兴奋剂类药品。(如今也发现了成人患者的ADHD病例。)苯丙胺或甲基苯丙胺是相对容易合成的化学品。在20世纪90年代的美国,违法的甲基苯丙胺实验室激增。这导致了感冒药伪麻黄碱被禁用,因为伪麻黄碱是合成甲基苯丙胺的关键成分。制造多种苯丙胺的化学变体也相对容易,科学家已经制造出几百种这样的化学物质并用于人体测试。其中最典型的人物是美国化学家亚历山大·舒尔金(Alexander Shulgin),他和他的妻子合成了一百多种苯丙胺类似物,并在自己身上进行

什么是药品？

了试验。其中一种变体是甲基苯丙胺的衍生物：亚甲二氧基甲基苯丙胺，即"摇头丸"。它与20世纪90年代的锐舞文化几乎同时开始流行。摇头丸在20世纪80年代中期之前可以自由获取，此后，摇头丸在大西洋两岸都变为非法药品。随着摇头丸禁令的执行，一些被精心设计以规避禁令的苯丙胺在一段时间内不受毒品法的限制，开始流行起来。其中一个例子是甲氧麻黄酮，它是甲基苯丙胺的简单类似物。在2009—2010年，曾在欧洲迅速流行，而后被定为非法药品。随之而来的是大量的新型精神活性药品，这类药品模仿苯丙胺、摇头丸、LSD、阿片类药品或大麻的作用，同时又不违反法律。近年来，这种类型的新型合成毒品以每周两种以上的速度出现，给管制带来了巨大的难题。尽管是非法的，摇头丸在西欧和美国仍然很流行。它并非没有危险：报纸上每年都会报道年轻人因服用摇头丸而死亡的悲剧。2016年，英国出台的《精神活性物质法案》将所有未受管制的精神活性物质都列为非法。

摇头丸与苯丙胺有明显的化学组成相似性，但它也与致幻化合物麦司卡林类似。麦司卡林是最早被西方世界发现的致幻剂之一，是佩奥特仙人掌中提取出的活性成分，墨西哥的印第安人在宗教仪式中使用麦司卡林已有几个世纪。

如今,麦司卡林已经不再流行,更强效的致幻剂D-LSD却依然流行(参见第一章)。与摇头丸一样,D-LSD与锐舞文化也密切相关。这种药品与大脑中特定的血清素受体结合,会引起听觉和视觉的强烈扭曲和幻觉。它的药效强大,典型剂量约为250微克。D-LSD会对人体健康产生不良影响。

海洛因和可卡因

在关于硬性毒品和软性毒品的争论中,能达成共识的是海洛因和可卡因都被视为硬性毒品。但是几个世纪以来,西方对毒品的态度发生了变化。正如人们所见,阿片类药品在19世纪被广泛用于医疗和娱乐目的。直到19世纪末,人们认识到其致瘾问题,才开始限制其使用。可卡因是从古柯叶中分离出的一种化合物,在19世纪90年代也曾短暂流行过。在人们认识到可卡因的危险性之前,它曾被添加到一些免费供应的滋补"古柯酒"中,而且曾是可口可乐的初始成分之一。

什么是药品？

海洛因

几个世纪以来，从罂粟中提取的强效天然药品吗啡都是主流药品之一。海洛因是吗啡的合成化学衍生物。它比母体药更有效，更容易从血液进入大脑。静脉注射海洛因会导致人体对海洛因的依赖和成瘾。戒断海洛因时容易出现腹泻、胃绞痛、头痛、恶心和呕吐等症状，还可能会抽搐、惊厥，危及生命。

海洛因成瘾是一种极其可怕的现象。除了毒品本身固有的危害外，吸毒者很可能死于吸毒过量——高剂量下，海洛因会抑制呼吸。吸毒者常与其他吸毒者共用注射毒品的针头，因此他们更容易感染肝炎或艾滋病病毒。吸毒者还会产生抗药性，需要不断增加的毒品剂量，最终因吸毒过量导致死亡。

和吗啡一样，海洛因作用于大脑中特定的阿片类受体。这些受体原本并不是用来识别这种罂粟提取物的。相反，它们识别的是大脑中自然存在的信使分子家族，即内啡肽（参见第三章）。人体中有几种不同的内啡肽和至少三种不同类型的阿片类受体，但有一种特别的"μ-阿片类受体"似乎是吗啡和海洛因能起到镇痛作用的原因。

海洛因成瘾的治疗方法通常是让吸毒者服用阿片替代药品美沙酮。虽然美沙酮治疗取得了一定的成功，但仍然很难阻止吸毒者使用海洛因。为了防止复吸，人们又发明了阿片类受体拮抗剂纳曲酮，这种药品目前已被证实有一定的效果。另一种阿片类受体拮抗剂纳洛酮也有一定的使用价值，它能够逆转海洛因过量致死的情况，并推广给更多有需要的人使用。海洛因过量是最常见的与毒品有关的死亡原因。

可卡因

和吗啡一样，可卡因也是一种植物产品，主要产于生长在南美洲安第斯山脉的古柯叶中。可卡因导致几个南美和拉丁美洲国家发展出了大量非法出口业务。就哥伦比亚而言，毒品几乎摧毁了当地的社会结构及法律秩序。20世纪90年代，可卡因吸毒者人数在许多国家翻了两倍或三倍，并一直保持在这一新高水平。

毒品与法律

大多数国家已经将毒品交易纳入国际刑法，其中涵盖了

什么是药品？

一系列20世纪六七十年代联合国公约规定的非法娱乐性毒品。大多数国家在这一联合国框架内实践本国的非法药品分类系统。在英国，《滥用药物法》（1971年）将毒品分为A、B、C三类，对应的刑事犯罪惩罚程度依次降低。具体分类如下：

A类：可卡因、摇头丸、LSD、吗啡、海洛因、阿片；

B类：苯丙胺、巴比妥类、大麻、甲基苯丙胺、可待因；

C类：合成代谢类固醇、苯二氮䓬、匹莫林、芬特明、马吲哚、二乙胺苯酮。

尽管世界各国都在"毒品之战"中付出了巨大的努力，但这场战争并未取得完全的胜利。其实，滥用毒品的情况还在持续恶化，目前看上去尚无简单的解决办法。在美国，每年有超过50万起与大麻相关的犯罪，在英国大约有7万起。这两个国家与大麻有关的犯罪都占所有毒品犯罪的一半以上。社会对娱乐性毒品的态度确实偶尔会发生变化。纯可卡因首次被发现时，它是一种流行的保健品成分，但现在已经不是了；吗啡和阿片是19世纪药品的基本成分，但现在被认为非常危险；曾经被视为有益健康的烟草如今也已被证明对健康有害无益。

第五章
制造新药

05

什么是药品?

发现、开发和销售新的处方药已经成为一个重要的全球性产业。制药公司主要集中在美国、西欧和日本，目前在中国和印度也发展迅速。制药行业已经成为许多国家经济的重要组成部分。其中一些规模较大，经济效益较好的公司雇佣了上万名员工，年收入总计约万亿美元。新药的成功发现和销售也是一项利润丰厚的业务，重磅药品的年销售额动辄超十亿美元，具有很高的利润空间。

然而，这样的收益总是昙花一现。总会有竞争对手生产类似的药品，并以更低的价格出售。制药行业严重依赖于专利保护其药品，因此竞争对手不能立即销售相同的药品，但是可以在原始专利范围之外销售类似的药品。专利的寿命也是有限的，通常提供20年保护期，但在药品上市前漫长的研发过程中往往被大幅度地消耗。专利到期后，任何公司都可

第五章 制造新药

以生产这种药品,并以仿制药的形式进行销售。这就形成了专门生产和销售仿制药的下游产业。由于不需要承担昂贵的研发成本,生产仿制药的公司可以比原研药更低的价格销售药品。由于新药的商业寿命有限,大公司必须不断寻找下一代药品,最好是新的重磅畅销药品。这类新药有着非常复杂且高端的研制过程(图10)。

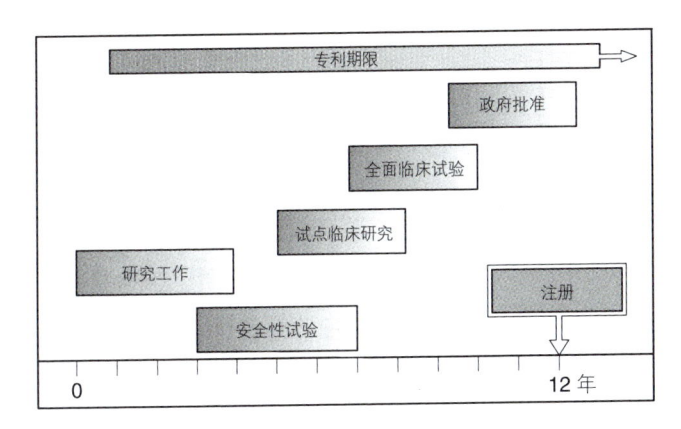

图10 新药的研制过程

发现药品

所有药品都作用于特定的受体(参见第二章)。大多数创新型公司致力于发现新的受体靶点,从而提供新的途径治疗特定疾病。随着对人类基因组的掌握日益全面,可用的新

什么是药品？

靶点正在大大增加。人类大约有30 000~40 000个基因，每个基因都编码了制造蛋白质的信息。显然，并不是所有的基因都可作为合适的药品靶点，但人们总能发现新的靶点。

20世纪大部分的可用药品针对的都是当时已知的某个表面膜受体蛋白或离子通道。人们现在掌握的潜在药品靶点已有2 000种甚至更多。此外，一些药品以酶为作用靶点，通常作为抑制剂使用。例如，将磷酸基添加到细胞蛋白质中的蛋白激酶家族有数百个亚种，其中许多亚种在细胞分裂中起着关键作用。特异性激酶抑制剂的生长抑制作用已被证明在癌症治疗方面具有重要价值。制药公司面临的问题是，如何在众多有潜力的新靶点中分辨哪一个才是最有效的，以及投资于哪一个。不过，基于对疾病过程的新认识，人们将会发现更多基于新治疗方法的新靶点。

一旦选择了靶点，就可以利用一系列的人体细胞表面受体、离子通道、转运蛋白和酶（如激酶或细胞色素P450变体）对大量候选新药进行测试。合成作为候选药品的新化合物，在过去是一个费力而缓慢的过程。每一种新化合物都是由化学家单独制造的，平均每人每周可以制造1~2种新化合

第五章 制造新药

物。然而，自20世纪90年代以来，化学机器人的引入彻底改变了这一过程，它可以将构成新药的各种化学物质以多种不同的方式排列组合。使用这种"组合化学"技术，一名化学家现在每周可以制造数千种新化合物。由此出现了专门的公司，它们合成数十万甚至数百万种新化合物，将其组成化学库，出售给制药公司用于特定的筛选项目。新的高通量筛选技术的并行发展，使得对大量新化合物进行筛选成为可能。由于机器人实验室能够进行大量测试和存储大量结果数据，现在的制药公司可以在一个月内，针对一个或多个给定靶点筛选出多达百万种新的化合物，其中可能会有一些对目标受体具有一定活性的先导化合物。通过检验它们的化学结构相似程度，化学家可以进一步聚焦，创造出对目标受体具有更强作用的改进版候选药品。

大规模筛选包括在试管或细胞培养模型中对人类受体靶点进行简单的测试。下一阶段将在更复杂的生物系统中测试并选出最佳候选药品，通常使用实验动物的分离器官或组织，或表达人类目标受体的体外药理学细胞系。入围的候选新药可能会在活体动物身上进行测试。在某些情况下，这是测试候选新药有效性的唯一方法。例如，在测试新的抗抑郁

什么是药品？

药或抗精神分裂症药品的试验中，评估药品对动物行为的影响程度。

单克隆抗体

一百多年前，保罗·埃尔利希提出了一种"魔弹"理论，即选择性地靶向消灭一种病原体的化合物。单克隆抗体是最接近"魔弹"的药品，这种相对较新的药品对于治疗人类迄今为止无法医治的疾病产生了重大影响。

当生物接触到抗原时，免疫系统应答会产生数千种不同的抗体。为了能够药用，必须把单个抗体分离出来。在乔治斯·科勒（Georges Kohler）和塞萨尔·米尔斯坦（Cesar Milstein）最初的研究过程中，他们给小鼠注射抗原，然后从小鼠脾脏中分离出抗体形成细胞。这些细胞不会分裂，但它们随后与骨髓瘤细胞融合，形成杂交瘤细胞，就能在组织培养中进行分裂和繁殖。最后，从中筛选出表达的抗体与抗原结合度最高的一株杂交瘤细胞，它可以无限生长分裂，并分泌单克隆抗体。由于杂交瘤细胞通过与骨髓瘤细胞融合能实现永生化，因此可以通过单个克隆体大量繁殖生成单克隆抗体药品（图11）。

第五章 制造新药

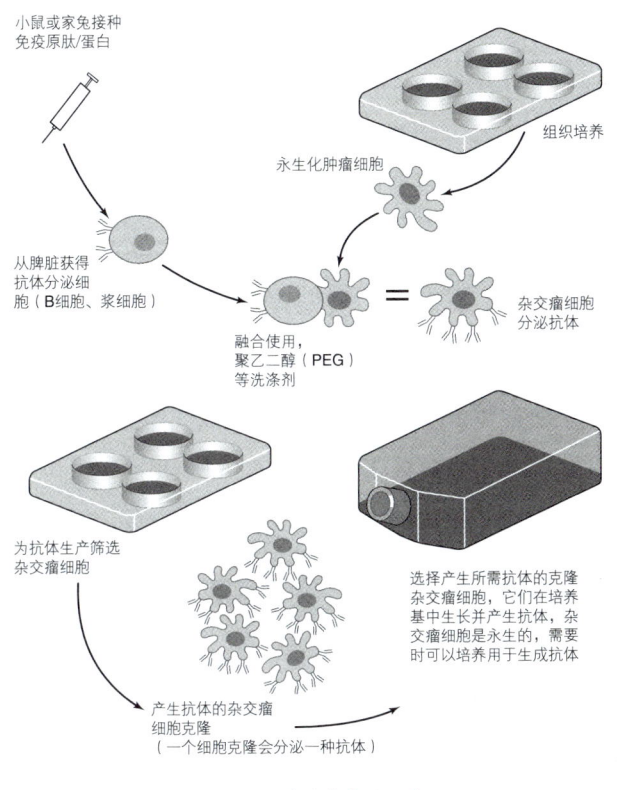

图 11 单克隆抗体的开发

现如今,并非所有单克隆抗体都通过小鼠产生。最常用的技术被称为"噬菌体展示"。噬菌体是一种能感染细菌的病毒。噬菌体展示技术涉及噬菌体库的生产,其中每个噬菌体表达一种人类抗体。这种展示数千种不同抗体的库很容易

什么是药品？

生成，甚至可以通过商业手段获得。将噬菌体库穿过一根附着了抗原的柱状物，与抗原结合度高的噬菌体就会被吸附，然后再将柱状物上的噬菌体分离、扩增，就能生产出单克隆抗体。

单克隆抗体的医学重要性激发了大量意图进一步改进、完善它的研究。在小鼠体内产生的抗体会被机体视为"外来"蛋白质而排斥，因此化学家开发出了人源化抗体替代小鼠抗体。产生人源化抗体的一种方法是使用经过基因工程改造的小鼠表达人源化抗体而并非小鼠抗体。其他一些改进旨在产生在人体中具有更长半衰期的抗体。单克隆抗体也可以与一些化学试剂结合，以扩大其毒性。如，与具有放射性或其他细胞毒性的化合物结合，能使单克隆抗体选择性地与肿瘤细胞结合后摧毁肿瘤细胞。

开发药品

初筛可能涉及数百种抗体或数千种合成化合物，随后这份候选名单便会缩减，以便在全动物实验中进行评估。其中将出现几个可能值得进一步改进的候选物。每一种候选物都需要被评估，以确定它是否可能成为有效且安全的药品。此

第五章 制造新药

外，还需要用进一步的动物实验来确定口服或注射时的吸收情况，以及它们的作用时间。倘若化合物口服时不能被很好吸收就会带来很多麻烦，除非能设计出另一种给药途径。吸收良好但会被迅速降解或清除的药品同样不具有吸引力，因为这意味着患者在一天之内必须多次服用。单克隆抗体通过注射给药，如果做了适当的人源化处理，通常可以在机体中持续循环数天或数周。

新药为了获准上市，制药公司需要满足各国政府监管机构的要求：一是该药品在治疗其预期病症方面具有有效性，二是不太可能给患者带来危险。新药的安全性永远无法通过动物实验来完全预测，但这些实验至少可以消除许多潜在的有毒物质。各国政府都要求进行广泛的动物安全测试。例如，给动物注射不同剂量的新药来测试其潜力，包括至少一次大大超过人类正常使用量的超高剂量；每天用药，持续两年。在此期间，研究人员定期称量动物体重、采集血液样本，以检查是否出现生化或血液异常。在实验期结束后，对它们的内脏进行目测和称重，然后在显微镜下仔细检查，以检测是否存在任何可能的不良变化，特别关注是否形成肿瘤或有其他癌症的迹象。这些安全性测试将在两种不同的哺乳动物身上重复进行,以最大限度检测出新药的潜在毒性。如果该药品要用于育龄妇女,就需要先在怀孕的动物身上进行特殊的动物实验,以检测该药品是否会对发育中的胎儿产生任何不良影响。反应停的悲剧加速了这类实验的改进。

单克隆抗体的安全性测试存在着特别的问题。由于这些抗体来自人类或已被"人源化",注射给小鼠将使其产生免疫反应。为了克服这一点,安全性测试有时会使用非人类的灵长类动物。但是在研究中使用这种动物往往会遭到强烈反对。另一种方法是采用非常低的初始剂量对少数人类志愿者进行测试。然而,这可能会带来灾难性的后果。曾有一项臭名昭著的针对免疫系统蛋白CD28的抗体试验,因引发了不受控制的免疫反应导致志愿者多器官衰竭。使用经过基因工程改造的小鼠来表达人类抗体是一种更为安全的方法,并且可以很容易地对肾脏、心脏和其他所需的安全性测试结果进行评估。

假设组成新药的化合物通过了这些安全性测试,它就可以被首次用于人类受试者。最初的一期临床试验需要少量健康志愿者参加。他们在严格监控下使用药物,以确保它不会

第五章 制造新药

引起任何不可预测、令人不适或有危险的副作用。监测这些志愿者血液样本中的药品或抗体水平，还能提供药品在人体内吸收的情况、在人体内存留的时间及主要分解产物等有价值的信息。这些信息将有助于在下一阶段，为参与二期临床试验的患者选用最合适的剂量方案。二期试验通常只在少数患者身上进行，目的是测试药品是否真的有效，即它是否能缓解患者的症状。对于首次以新型人类受体为靶点的药品来说，这种"概念证明"尤为重要，因为它可能并不总是像化学家预测的那样起作用。

此外，所有临床试验都需要考虑"安慰剂"效应。患者通常乐于相信新药会帮助他们康复。事实证明，即使患者服用不含任何活性药物的安慰剂药片，许多患者的病情也会出现明显好转。安慰剂效应在治疗中枢神经系统疾病上表现得尤为显著。新的抗抑郁药或镇痛药在试验中总是表现出安慰剂效应。安慰剂效应的本质仍然是未解之谜。安慰剂效应的强度与治疗过程的复杂程度有关：服用数片药片比只吃一片效果好，静脉注射的效果更为明显，模拟外科手术的治疗效果则更好。与许多药物治疗一样，安慰剂的有效性往往随着服用次数的增加而减弱。安慰剂效应似乎反映了人类以精神

什么是药品?

控制身体的非凡能力。它很可能是各种"替代疗法"能够有效治疗疾病的基础原理。然而,从药品开发的角度来看,安慰剂效应会使新药的临床评估复杂化。为了确定在患者身上观察到的正向改变是来自药品本身还是安慰剂效应,人们有必要将二者进行比较。这通常是在随机双盲安慰剂对照试验中完成的。在这类试验中,患者被随机分配到服用安慰剂组或服用活性药物组。无论是患者还是给药的医护人员都不知道患者服用的是活性药物还是安慰剂,以消除任何暗示的可能。直到试验结束答案才被公布,然后分析结果。只有当药品在统计上明显比安慰剂更有效时,试验才算成功。这些试验的结果也将有助于确定,在安慰剂组观察到的不良反应之外,该药品是否还会引起其他副作用。例如,患者抱怨头痛或感到恶心是很常见的,但这些症状不一定与药品有关。如果观察到药品带来的不良反应,则必须对其进行记录,并告知所有在未来接受该药物治疗的患者。

若二期临床试验的结果令人满意,该化合物就可以进入规模更大的三期临床试验。这些研究通常需要成百上千的患者参加,他们由不同的医疗中心招募。这些中心通常是大学医学院或医院。由于样本的复杂性,以及患者需要长期治疗，这些试验通常需要数年才能完成。在每个阶段都需要对每名患者进行详细记录，并尽可能使用客观的方法衡量临床表现的改善程度，例如，可以测量血压或血胆固醇的降低水平。然而，在某些情况下，特别是涉及中枢神经系统紊乱时，这样的客观衡量也许无法实现，必须依赖患者对其自身情绪的评估或他们表现出的痛苦程度来进行量级评测。许多国家监管机构在批准新药之前可能会要求两项三期临床试验均取得积极结果。美国目前要求制药公司公开所有临床试验的结果，以避免制药公司只"挑选"结果积极的试验公开。

随机临床试验已成为评估新药的黄金标准。这个概念是在第二次世界大战结束后才建立起来的。如今，随机试验在评估社会、刑事和政治过程的有效性方面也有着新的应用。

注册及推广

如果三期试验一切顺利，制药公司就可以准备收集大量数据，包括对该化合物在临床试验、动物安全性试验和实验室中获得的所有结果的详细描述，以及关于该化合物的制造方法和质量控制措施的信息。这些数据组成的数据包通常很大，存储在计算机中，然后在线提交给政府监管机构进行

什么是药品？

详细审查，并由专家进行评估。随后政府监管机构必须将一份需要回复的问题清单返给制药公司，通常包括是否需要对有效性或安全性进行进一步的测试等问题。在这一过程完成后，政府监管机构可以召开会议，专家小组就该公司提交的回复细节质询公司代表。随后，专家小组投票决定政府监管机构能否批准该公司的注册申请。监管机构的审查可能需要数月时间才能完成，但是对治疗某些疾病（如艾滋病）的药品有着快速审批程序。

一种新药一旦获得了官方认证，制药公司就可以进行推广了，但只能针对获得官方批准的特定疾病进行宣传推广。如有任何其他新的医疗用途，则需要提供进一步的临床试验数据并获得政府批准后，才能针对新用途进行推广。启动上市后，还有一个"上市监督"系统，它要求医生向主管部门报告患者在使用该药时出现的不良反应。设置这一系统的目的是检测该药可能引起的任何罕见不良反应。尽管临床试验涉及数千名患者，但仍无法检测到发生概率为十万分之一的罕见不良反应。这些问题有时很严重，甚至会危及生命，并可能导致新药迅速退市。这对于制药公司来说是难以接受的。新药是人类从未接触过的全新化合物或抗体，它们的安

第五章 制造新药

全性永远无法得到完全预测。

处方药并不是市场上唯一的药品种类。因为不需要疗效证明,植物药获得批准要容易得多。另一方面,销售植物药的公司也不被允许对其进行具体的医疗声明,药效必须以更笼统的方式表述。顺势疗法药品比较特殊,因为这些药品往往会将活性成分稀释到一定程度,即在市场上销售的制剂(最终的安慰剂药品)中可能只含有很少或几乎为零的活性分子。监管机构一直不确定如何处理顺势疗法药品。不过,至少这些药品不太可能给患者造成任何严重的伤害,所以其获批相对宽松。然而,采用顺势疗法的患者可能会拒绝服用更有效的药品。在患有癌症等危急情况下,这可能会危及患者的生命。

第六章
未来我们可以期待什么？

什么是药品？

对药品态度的改变

在科学研究不断缩短新药问世时间的同时，公众对药品的态度正在发生转变。患者不再将医生视为"真理的代言人"，通过浏览互联网，他们就可以获得对自身疾病的有效治疗方法的详细信息，以及了解处方药的功效和副作用。有些人甚至会直接带着这样的信息去找医生开药！一方面，可以免费获得关于药物治疗的技术知识是好事；但另一方面，患者可能会对药物治疗持有不合理的观点，特别是对特定治疗。例如，美国和英国都存在着反对儿童接种疫苗的运动。尽管在过去数百年中疫苗无疑挽救了许多生命，但那些反对接种疫苗的人总能从宣传反疫苗的网站上找到支持他们的依据。尽管科学研究完全驳斥了"接种疫苗会导致孤独症"的观点，但它仍然牢牢扎根于大西洋两岸。在英国和美国的某些地区，人群的疫苗接种率已低于实现群体免疫所需的最低水平。

制药业

药品的发现及开发是一个复杂且严格的过程，需要许多年才能完成，而且需要制药公司的科学家和来自不同学科的外部专家通力合作，从初筛到最终生产上市的整个过程通常需要十年甚至更久。加上监管机构对获批药品的标准越来越苛刻，通过批准所需的成本持续上升。平均而言，在实验室中发现的每一百种有治愈希望的候选药品中，只有十种能够在人类受试者中进行评估，而其中只有一种能够成为获得注册的新药。即便得到了注册上市销售，也只有不到一半的新药能为制药公司带来利润。

一方面，由于几乎每种新药的研发成本都高达数亿美元，新药的高定价和高利润也有其合理性。制药公司将其收入的10%以上用于研发，这一比例远远高于大多数行业。另一方面，尽管这些公司的利润空间非常高，他们在向医生和患者推销产品方面也花费了同样多的成本。美国允许制药公

什么是药品？

司在电视上做广告，股市预测各大制药公司的收入将持续增长，发展不好的制药公司可能会被并购。制药行业越来越明显地被少数几家龙头公司主导，它们便是通过此类并购形成的。然而，新处方药的高昂价格及制药公司的巨额利润，使得制药行业近年来的公众形象很不好。由于制药行业坚持在全世界范围内控制其专利产品的定价和销售，发展中国家经常无法享受到这些药品带来的益处，这一事实也引起了人们的强烈不满。尽管各国政府已经对该行业施加了相当严苛的监管（如许多国家会对新药定价做出要求），但未来似乎还需要更多的干预。

与此同时，新药的成本也在上涨。截至2020年，全球处方药销售额达9 870亿美元。2010年，美国平均每名患者的年均药费为1 000～2 000美元。到2014年，使用销售排名前十药品的每名患者的年均药费已增加到9 180～56 212美元。增长的原因部分是来自高定价的单克隆抗体，但合成药品也给制药公司带来了高收入。K药和O药是用于治疗肺癌的两种新型单克隆抗体，在上市几年内销售额便超过百亿美元。

对大多数欧洲医疗服务机构来说，美国制药公司的新药

第六章 未来我们可以期待什么？

定价过于高昂，发展中国家更是负担不起。在美国，保险公司或政府计划似乎有能力承担这一开销。事实上，美国国会在2003年通过了一项法律，禁止美国老年人医疗保险参与药品价格谈判。制药公司认为，治疗罕见疾病的新药仍然有很高的研发成本，需要收回其成本。这样的争论导致大多数制药公司放弃了对抗生素和其他抗感染药品的研究。

未来，政府需要资助这类研发。在英国，癌症患者及其亲属要求接受新型高成本治疗的呼声越来越高，这促使英国政府从"癌症基金"中拨出资金，满足高优先级的治疗需求，但这充其量只是一种权宜之计。只要没有竞争，单克隆抗体的定价仍会保持在高位。单克隆抗体在专利到期时不受"仿制药"竞争的影响，但欧洲药品委员会已经批准了"生物仿制药"与专利到期的单克隆药品竞争。这可能是制药行业前进的方向，尽管这种做法尚未在美国获得批准。

其他国家的患者可能不得不等待新药专利到期，或更便宜的"仿制药""生物仿制药"上市。与此同时，细菌对大多数抗生素和其他抗感染药品的耐药性危机已迫在眉睫，这是一个亟须解决的世界性问题。即使能说服制药公司重新进

什么是药品？

入这一领域，新药也可能需要很多年才能上市。

个性化医疗

随着对疾病的遗传和分子基础的理解迅速加深，以及DNA测序的成本暴跌，研究开始聚焦在如何将这些新知识应用于临床。目前医药学正朝着个性化医疗的方向发展，即为患者量身定制治疗方案。

这种方法在癌症治疗中发展得最为迅速。它研制出了仅对癌细胞特定突变有效的药品。例如，赫赛汀只对HER-2蛋白过度表达的患者有效；易瑞沙仅对突变导致生长因子受体EGFR高表达的肺癌患者有效；达拉非尼选择性治疗表达BRAF V600E基因的黑色素瘤；等等。

因此，尽管个性化医疗仍处于起步阶段，但已经出现了一些针对癌细胞特定突变的药品。其原理是利用癌细胞的DNA序列确定突变模式及导致癌症的分子途径，未来的目标是开发出针对这些遗传信息的个体治疗方法，而不是目前针对靶向器官特异性的治疗方法。类似的方法也可以用于治疗其他疾病。这对制药行业的影响相当明显，开发多种药品治

第六章 未来我们可以期待什么？

疗特定遗传疾病将比目前的疗法成本更高，并可能会导致新药的价格越来越高。

个体基因评估的另一种应用是发现癌症或其他疾病高风险基因的携带者。BRAC1或BRAC2突变基因携带者大约占乳腺癌患者的5%～10%。携带这些突变基因的女性有80%的风险患上乳腺癌或卵巢癌，一些人因此选择手术切除乳房或卵巢作为预防措施。而在这些医疗领域，基因信息技术正在降低人们未来患病的风险，也为新药提供了靶点。

许多由成千上万名受试者参加的大型项目正在进行中，目的是分析表征癌细胞和其他细胞的基因组成，并对基因、突变和疾病三者之间的复杂关系产生新的理解。

一个未来的研究领域旨在将合成RNA用作药品。信使RNA是由DNA序列翻译而来的核酸，它是核DNA和其编码的特定蛋白质之间的信使。人工合成的信使RNA可以被设计成具有补充人体蛋白质、改善免疫系统的功能，或用作疫苗。有几种这类新药已经在开发中，正在进行临床试验。一个更有未来感的想法是针对人们现在已经了解的上调或下调基因表达的表观遗传机制用药。

什么是药品？

禁毒之战

20世纪的禁毒品之战，成千上万的吸毒者被捕，许多人因触犯禁毒法而入狱。21世纪，尽管有着更为严厉的刑事处罚，毒品的销售和消费却仍在增加，"合法兴奋剂"的新化学改性不断挑战着现有的法律。在过去的两个世纪里，社会对毒品的态度发生了根本性的变化，在人们不断了解毒品的危害后，鸦片、可卡因等均被列入毒品管制。21世纪的禁毒形势依然严峻，世界各国仍应加大禁毒力度，牢筑禁毒防线！

名词表

A

阿尔伯特·霍夫曼	Albert Hoffmann
阿尔茨海默病	Alzheimer's disease
阿米替林	amitriptyline
阿片类药品	opiates
阿司匹林	aspirin
阿维菌素	ivermectin
癌症治疗	cancer treatment
安慰剂效应	placebo effect

B

百忧解	Prozac
保罗·埃尔利希	Paul Ehrlich
苯丙胺	amphetamine
苯二氮䓬类药品	benzodiazepines
丙咪嗪	imipramine

什么是药品？

病毒 viruses

C

草药 herbal medicines
成因 causes
成瘾 addiction
处方药 prescription drugs
传染病 infectious diseases

D

单克隆抗体 monoclonal antibodies
胆固醇 cholesterol
地西泮 diazepam
电子烟 electronic cigarettes
对乙酰氨基酚 paracetamol
多巴胺 dopamine
多药耐药性 multiple drug resistance (MDR)

F

防腐剂 antiseptics
非甾体抗炎药 NSAIDs
肺癌 lung cancer
分子药理学 molecular pharmacology

名词表

氟哌啶醇　　　　　　　　　haloperidol

G

钙通道阻滞剂　　　　　　　calcium channel blockers
杆菌肽　　　　　　　　　　bacitracin
关节炎　　　　　　　　　　arthritis

H

合法化　　　　　　　　　　legality
河盲症　　　　　　　　　　river blindness
赫赛汀（曲妥珠单抗）　　　Herceptin (trastuzumab)
红霉素　　　　　　　　　　erythromycin
化学机器人　　　　　　　　robot chemistry
化学治疗　　　　　　　　　chemotherapy
环氧合酶　　　　　　　　　cyclooxygenase enzymes (COX-2 inhibitors)
缓解疼痛　　　　　　　　　pain relief
磺胺类药品　　　　　　　　sulphonamides
昏睡病　　　　　　　　　　sleeping sickness
获得性免疫缺陷综合征（艾滋病）AIDS

J

寄生虫　　　　　　　　　　parasites
甲氟喹　　　　　　　　　　mefloquine
甲基苯丙胺　　　　　　　　methamphetamine

149

什么是药品？

甲氧西林耐药性的金黄色葡萄球菌 methicillin-resistant *Staphylococcus aureus (MRSA)*
结核病 tuberculosis (TB)
精神分裂症 schizophrenia
精神障碍 mental disorders
酒精 alcohol

K

咖啡因 caffeine
抗病毒药品 antiseptics
抗寄生虫药品 antiparasitic drugs
抗生素 antibiotics
抗体 antibodies
抗炎药 anti-inflammatory drugs
抗抑郁药 antidepressants
抗真菌药品 anti-fungal drugs
奎宁 quinine
溃疡 ulcers

L

利尿剂 diuretics
利他林（哌甲酯） Ritalin (methylphenidate)
链霉素 streptomycin
两性霉素 amphotericin
临床试验 clinical trials

名词表

氯丙嗪	chlorpromazine
氯喹	chloroquine

M

吗啡	morphine
麦角酰二乙胺	LSD
麦司卡林	mescaline
毛地黄	digitalis
免疫	immunity
免疫系统	immune system

N

纳曲酮	naltrexone
耐药性	tolerance
内啡肽	endorphins
尼古丁	nicotine
尼古拉斯·卡尔佩珀	Nicholas Culpeper
疟疾	malaria

P

帕金森病	Parkinson's disease
哌甲酯（利他林）	methylphenidate (Ritalin)
普林尼	Pliny

什么是药品？

Q

齐多夫定	AZT (zidovudine)
青霉素	penicillin
趋化因子	chemokines

R

人类基因组	human genome
人类免疫缺陷病毒	HIV

S

洒尔佛散（胂凡纳明）	Salvarsan (arsphenamine)
肾上腺素	adrenaline (epinephrine)
失眠症	insomnia
噬菌体	bacteria
栓剂	suppositories
四氢大麻酚	tetrahydrocannabinol (THC)

T

他汀类药品	statins
胎儿酒精综合征	foetal alcohol syndrome
头孢菌素	cephalosporins
脱氧核糖核酸	DNA

名词表

W

万古霉素	vancomycin
威廉·哈维	William Harvey
胃溃疡	gastric ulcers

X

希波克拉底	Hippocrates
细胞色素 p450	cytochrome p450
细胞因子	cytokines
细菌	bacteria
哮喘	asthma
腺鼠疫（黑死病）	bubonic plague ('Black Death')
心脏病	heart disease
血管紧张素转换酶抑制剂	ACE inhibitors
血清素	serotonin
血压	blood pressure

Y

鸦片	opium
鸦片酊	laudanum
烟草	tobacco
药典	pharmacopeias
药品基因组学	pharmacogenomics

什么是药品？

异炔诺酮	norethylnodrel
抑郁症	depression
幽门螺杆菌	*Helicobacter pylori*
娱乐性药品	recreational drugs
约翰·文	John Vane

Z

镇痛药	analgesics
制霉菌素	nystatin
质子泵抑制剂	proton-pump inhibitors
治疗	treatment
中药	Chinese medicine
专利	patents
紫杉醇	taxol
组合化学	combinatorial chemistry

其他

β受体阻滞剂	beta-blockers
DNA 测序	DNA sequencing
DNA 聚合酶	DNA polymerase enzyme
H_2 受体阻滞剂	H_2 blockers

"走进大学"丛书书目

什么是地质?	殷长春	吉林大学地球探测科学与技术学院教授(作序)
	曾 勇	中国矿业大学资源与地球科学学院教授
		首届国家级普通高校教学名师
	刘志新	中国矿业大学资源与地球科学学院副院长、教授
什么是物理学?	孙 平	山东师范大学物理与电子科学学院教授
	李 健	山东师范大学物理与电子科学学院教授
什么是化学?	陶胜洋	大连理工大学化工学院副院长、教授
	王玉超	大连理工大学化工学院副教授
	张利静	大连理工大学化工学院副教授
什么是数学?	梁 进	同济大学数学科学学院教授
什么是统计学?	王兆军	南开大学统计与数据科学学院执行院长、教授
什么是大气科学?	黄建平	中国科学院院士
		国家杰出青年科学基金获得者
	刘玉芝	兰州大学大气科学学院教授
	张国龙	兰州大学西部生态安全协同创新中心工程师
什么是生物科学?	赵 帅	广西大学亚热带农业生物资源保护与利用国家重点实验室副研究员
	赵心清	上海交通大学微生物代谢国家重点实验室教授
	冯家勋	广西大学亚热带农业生物资源保护与利用国家重点实验室二级教授
什么是地理学?	段玉山	华东师范大学地理科学学院教授
	张佳琦	华东师范大学地理科学学院讲师
什么是机械?	邓宗全	中国工程院院士
		哈尔滨工业大学机电工程学院教授(作序)
	王德伦	大连理工大学机械工程学院教授
		全国机械原理教学研究会理事长
什么是材料?	赵 杰	大连理工大学材料科学与工程学院教授

什么是金属材料工程?		
	王　清	大连理工大学材料科学与工程学院教授
	李佳艳	大连理工大学材料科学与工程学院副教授
	董红刚	大连理工大学材料科学与工程学院党委书记、教授(主审)
	陈国清	大连理工大学材料科学与工程学院副院长、教授(主审)
什么是功能材料?	李晓娜	大连理工大学材料科学与工程学院教授
	董红刚	大连理工大学材料科学与工程学院党委书记、教授(主审)
	陈国清	大连理工大学材料科学与工程学院副院长、教授(主审)
什么是自动化?	王　伟	大连理工大学控制科学与工程学院教授 国家杰出青年科学基金获得者(主审)
	王宏伟	大连理工大学控制科学与工程学院教授
	王　东	大连理工大学控制科学与工程学院教授
	夏　浩	大连理工大学控制科学与工程学院院长、教授
什么是计算机?	嵩　天	北京理工大学网络空间安全学院副院长、教授
什么是人工智能?	江　贺	大连理工大学人工智能大连研究院院长、教授 国家优秀青年科学基金获得者
	任志磊	大连理工大学软件学院教授
什么是土木工程?	李宏男	大连理工大学土木工程学院教授 国家杰出青年科学基金获得者
什么是水利?	张　弛	大连理工大学建设工程学部部长、教授 国家杰出青年科学基金获得者
什么是化学工程?	贺高红	大连理工大学化工学院教授 国家杰出青年科学基金获得者
	李祥村	大连理工大学化工学院副教授
什么是矿业?	万志军	中国矿业大学矿业工程学院副院长、教授 入选教育部"新世纪优秀人才支持计划"
什么是纺织?	伏广伟	中国纺织工程学会理事长(作序)
	郑来久	大连工业大学纺织与材料工程学院二级教授
什么是轻工?	石　碧	中国工程院院士 四川大学轻纺与食品学院教授(作序)
	平清伟	大连工业大学轻工与化学工程学院教授

什么是海洋工程?	柳淑学	大连理工大学水利工程学院研究员
		入选教育部"新世纪优秀人才支持计划"
	李金宣	大连理工大学水利工程学院副教授
什么是船舶与海洋工程?		
	张桂勇	大连理工大学船舶工程学院院长、教授
		国家杰出青年科学基金获得者
	汪 骥	大连理工大学船舶工程学院副院长、教授
什么是海洋科学?	管长龙	中国海洋大学海洋与大气学院名誉院长、教授
什么是航空航天?	万志强	北京航空航天大学航空科学与工程学院副院长、教授
	杨 超	北京航空航天大学航空科学与工程学院教授
		入选教育部"新世纪优秀人才支持计划"
什么是生物医学工程?		
	万遂人	东南大学生物科学与医学工程学院教授
		中国生物医学工程学会副理事长(作序)
	邱天爽	大连理工大学生物医学工程学院教授
	刘 蓉	大连理工大学生物医学工程学院副教授
	齐莉萍	大连理工大学生物医学工程学院副教授
什么是食品科学与工程?		
	朱蓓薇	中国工程院院士
		大连工业大学食品学院教授
什么是建筑?	齐 康	中国科学院院士
		东南大学建筑研究所所长、教授(作序)
	唐 建	大连理工大学建筑与艺术学院院长、教授
什么是生物工程?	贾凌云	大连理工大学生物工程学院院长、教授
		入选教育部"新世纪优秀人才支持计划"
	袁文杰	大连理工大学生物工程学院副院长、副教授
什么是物流管理与工程?		
	刘志学	华中科技大学管理学院二级教授、博士生导师
	刘伟华	天津大学运营与供应链管理系主任、讲席教授、博士生导师
		国家级青年人才计划入选者
什么是哲学?	林德宏	南京大学哲学系教授
		南京大学人文社会科学荣誉资深教授
	刘 鹏	南京大学哲学系副主任、副教授

什么是经济学？	原毅军	大连理工大学经济管理学院教授
什么是经济与贸易？		
	黄卫平	中国人民大学经济学院原院长
		中国人民大学教授(主审)
	黄　剑	中国人民大学经济学博士暨世界经济研究中心研究员
什么是社会学？	张建明	中国人民大学党委原常务副书记、教授(作序)
	陈劲松	中国人民大学社会与人口学院教授
	仲婧然	中国人民大学社会与人口学院博士研究生
	陈含章	中国人民大学社会与人口学院硕士研究生
什么是民族学？	南文渊	大连民族大学东北少数民族研究院教授
什么是公安学？	靳高风	中国人民公安大学犯罪学学院院长、教授
	李姝音	中国人民公安大学犯罪学学院副教授
什么是法学？	陈柏峰	中南财经政法大学法学院院长、教授
		第九届"全国杰出青年法学家"
什么是教育学？	孙阳春	大连理工大学高等教育研究院教授
	林　杰	大连理工大学高等教育研究院副教授
什么是小学教育？	刘　慧	首都师范大学初等教育学院教授
什么是体育学？	于素梅	中国教育科学研究院体育美育教育研究所副所长、研究员
	王昌友	怀化学院体育与健康学院副教授
什么是心理学？	李　焰	清华大学学生心理发展指导中心主任、教授(主审)
	于　晶	辽宁师范大学教育学院教授
什么是中国语言文学？		
	赵小琪	广东培正学院人文学院特聘教授
		武汉大学文学院教授
	谭元亨	华南理工大学新闻与传播学院二级教授
什么是新闻传播学？		
	陈力丹	四川大学讲席教授
		中国人民大学荣誉一级教授
	陈俊妮	中央民族大学新闻与传播学院副教授
什么是历史学？	张耕华	华东师范大学历史学系教授
什么是林学？	张凌云	北京林业大学林学院教授
	张新娜	北京林业大学林学院副教授

什么是动物医学？	陈启军	沈阳农业大学校长、教授
		国家杰出青年科学基金获得者
		"新世纪百千万人才工程"国家级人选
	高维凡	曾任沈阳农业大学动物科学与医学学院副教授
	吴长德	沈阳农业大学动物科学与医学学院教授
	姜　宁	沈阳农业大学动物科学与医学学院教授
什么是农学？	陈温福	中国工程院院士
		沈阳农业大学农学院教授（主审）
	于海秋	沈阳农业大学农学院院长、教授
	周宇飞	沈阳农业大学农学院副教授
	徐正进	沈阳农业大学农学院教授
什么是植物生产？	李天来	中国工程院院士
		沈阳农业大学园艺学院教授
什么是医学？	任守双	哈尔滨医科大学马克思主义学院教授
什么是中医学？	贾春华	北京中医药大学中医学院教授
	李　湛	北京中医药大学岐黄国医班（九年制）博士研究生
什么是公共卫生与预防医学？		
	刘剑君	中国疾病预防控制中心副主任、研究生院执行院长
	刘　珏	北京大学公共卫生学院研究员
	么鸿雁	中国疾病预防控制中心研究员
	张　晖	全国科学技术名词审定委员会事务中心副主任
什么是药学？	尤启冬	中国药科大学药学院教授
	郭小可	中国药科大学药学院副教授
什么是护理学？	姜安丽	海军军医大学护理学院教授
	周兰姝	海军军医大学护理学院教授
	刘　霖	海军军医大学护理学院副教授
什么是管理学？	齐丽云	大连理工大学经济管理学院副教授
	汪克夷	大连理工大学经济管理学院教授
什么是图书情报与档案管理？		
	李　刚	南京大学信息管理学院教授
什么是电子商务？	李　琪	西安交通大学经济与金融学院二级教授
	彭丽芳	厦门大学管理学院教授

什么是工业工程？	郑　力	清华大学副校长、教授(作序)
	周德群	南京航空航天大学经济与管理学院院长、二级教授
	欧阳林寒	南京航空航天大学经济与管理学院研究员
什么是艺术学？	梁　玖	北京师范大学艺术与传媒学院教授

什么是戏剧与影视学？

　　　　　　　　梁振华　北京师范大学文学院教授、影视编剧、制片人

什么是设计学？　李砚祖　清华大学美术学院教授

　　　　　　　　朱怡芳　中国艺术研究院副研究员

什么是有机化学？［英］格雷厄姆·帕特里克（作者）

　　　　　　　　　　　西苏格兰大学有机化学和药物化学讲师

　　　　　　　　刘　春（译者）

　　　　　　　　　　　大连理工大学化工学院教授

　　　　　　　　高欣钦（译者）

　　　　　　　　　　　大连理工大学化工学院副教授

什么是晶体学？　［英］A.M.格拉泽（作者）

　　　　　　　　　　　牛津大学物理学荣誉教授

　　　　　　　　　　　华威大学客座教授

　　　　　　　　刘　涛（译者）

　　　　　　　　　　　大连理工大学化工学院教授

　　　　　　　　赵　亮（译者）

　　　　　　　　　　　大连理工大学化工学院副研究员

什么是三角学？　［加］格伦·范·布鲁梅伦（作者）

　　　　　　　　　　　奎斯特大学数学系协调员

　　　　　　　　　　　加拿大数学史与哲学学会前主席

　　　　　　　　雷逢春（译者）

　　　　　　　　　　　大连理工大学数学科学学院教授

　　　　　　　　李风玲（译者）

　　　　　　　　　　　大连理工大学数学科学学院教授

什么是对称学？　［英］伊恩·斯图尔特（作者）

　　　　　　　　　　　英国皇家学会会员

　　　　　　　　　　　华威大学数学专业荣誉教授

　　　　　　　　　刘西民（译者）
　　　　　　　　　　　大连理工大学数学科学学院教授
　　　　　　　　　李风玲（译者）
　　　　　　　　　　　大连理工大学数学科学学院教授
什么是麻醉学？　[英]艾登·奥唐纳（作者）
　　　　　　　　　　　英国皇家麻醉师学院研究员
　　　　　　　　　　　澳大利亚和新西兰麻醉师学院研究员
　　　　　　　　　毕聪杰（译者）
　　　　　　　　　　　大连理工大学附属中心医院麻醉科副主任、主任医师
　　　　　　　　　　　大连市青年才俊
什么是药品？　　[英]莱斯·艾弗森（作者）
　　　　　　　　　　　牛津大学药理学系客座教授
　　　　　　　　　　　剑桥大学MRC神经化学药理学组前主任
　　　　　　　　　程　昉（译者）
　　　　　　　　　　　大连理工大学化工学院药学系教授
　　　　　　　　　张立军（译者）
　　　　　　　　　　　大连市第三人民医院主任医师、专业技术二级教授
　　　　　　　　　　　"兴辽英才计划"领军医学名家
什么是哺乳动物？[英]T.S.肯普（作者）
　　　　　　　　　　　牛津大学圣约翰学院荣誉研究员
　　　　　　　　　　　曾任牛津大学自然历史博物馆动物学系讲师
　　　　　　　　　　　牛津大学动物学藏品馆长
　　　　　　　　　田　天（译者）
　　　　　　　　　　　大连理工大学环境学院副教授
　　　　　　　　　王鹤霏（译者）
　　　　　　　　　　　国家海洋环境监测中心工程师
什么是兽医学？　[英]詹姆斯·耶茨（作者）
　　　　　　　　　　　英国皇家动物保护协会首席兽医官
　　　　　　　　　　　英国皇家兽医学院执业成员、官方兽医
　　　　　　　　　马　莉（译者）
　　　　　　　　　　　大连理工大学外国语学院副教授

什么是生物多样性保护?
   [英]大卫·W.麦克唐纳(作者)
     牛津大学野生动物保护研究室主任
     达尔文咨询委员会主席
   杨 君(译者)
     大连理工大学生物工程学院党委书记、教授
     辽宁省生物实验教学示范中心主任
   张 正(译者)
     大连理工大学生物工程学院博士研究生
   王梓丞(译者)
     美国俄勒冈州立大学理学院微生物学系学生